乳肉兼用牛
科学养殖技术

翟桂玉　著

RU ROU JIANYONG NIU
KEXUE YANGZHI JISHU

U0260599

山东科学技术出版社
·济南·

图书在版编目（CIP）数据

乳肉兼用牛科学养殖技术 / 翟桂玉著 . -- 济南：
山东科学技术出版社 , 2023.12
ISBN 978-7-5723-0998-4

Ⅰ . ①乳… Ⅱ . ①翟… Ⅲ . ①乳牛 – 饲养管
理 ②肉牛 – 饲养管理 Ⅳ . ① S823.9

中国版本图书馆 CIP 数据核字 (2021) 第 168004 号

乳肉兼用牛科学养殖技术
RUROU JIANYONGNIU KEXUE YANGZHI JISHU

责任编辑：于　军
装帧设计：侯　宇

主管单位：山东出版传媒股份有限公司
出 版 者：山东科学技术出版社
　　　　　地址：济南市市中区舜耕路 517 号
　　　　　邮编：250003　电话：（0531）82098088
　　　　　网址：www.lkj.com.cn
　　　　　电子邮件：sdkj@sdcbcm.com
发 行 者：山东科学技术出版社
　　　　　地址：济南市市中区舜耕路 517 号
　　　　　邮编：250003　电话：（0531）82098067
印 刷 者：济南升辉海德印业有限公司
　　　　　地址：山东省济南市高新区科创路 2007 号
　　　　　　　　院内东车间 3 号
　　　　　邮编：250104　电话：（0531）88912938

规格：32 开（140 mm×203 mm）
印张：4.75　　字数：85 千
版次：2023 年 12 月第 1 版　印次：2023 年 12 月第 1 次印刷
定价：35.00 元

序 XU

　　畜牧业是农业现代化的重要标志，发展畜牧业是增加农民收入的重要渠道，也是山东"名、优、特、新"产业发展的重要组成部分。发展奶业是实现畜牧业现代化不可或缺的，是优化农业与畜牧业结构的需要，对改善居民膳食结构，增强国民体质具有重要的战略意义。

　　山东省有悠久的奶畜养殖历史，拥有荷斯坦奶牛、西门塔尔牛、娟姗牛和奶山羊等丰富的奶畜资源，具有发展奶业的自然地理、生态气候和饲料资源优势。目前山东省乳制品加工能力已具规模，产品种类丰富多样。再经过10~20年的努力，完全可能将山东奶业建设成为现代畜牧业的支柱产业。山东省将成为全国重要的鲜奶生产基地，面向京津冀、长三角高端乳品消费的供应基地，出口东北亚乃至世界范围的重要乳制品加工基地。

山东省西门塔尔牛养殖量最高时，存栏达 280 多万头，其中能繁母牛 89 万头，仅次于新疆，居全国第二位，占全国西门塔尔牛总数的 13%。自 2006 年以来，山东省努力推进实施"中国－德国乳肉兼用牛改良"开发项目，利用德系西门塔尔牛（弗莱维赫）和法系西门塔尔牛（蒙贝利亚）对本地牛进行改良，累计生产杂交犊牛 150 万头，其中母犊 75 万头。近年来，乳肉兼用牛改良速度加快，每年杂交改良 20 万头以上，产犊牛 16 万头，乳肉兼用牛产业发展势头良好。

山东是全国最早实施乳肉兼用牛改良的省份之一，在乳肉兼用牛的杂交改良和饲养管理方面均做了大量工作，积累了丰富经验，形成了较为完善的乳肉兼用牛生产配套技术体系。乳肉兼用牛饲养规模不断扩大，家庭养殖、合作社养殖和规模化牛场养殖全面发展，牛奶生产与加工能力得到很大提升。

以山东省畜牧总站翟桂玉研究员为首的专家技术团队，将多年来乳肉兼用牛的研究成果汇集成《乳肉兼用牛科学养殖技术》。该书理论系统先进，生产指导意义强，必将为推进乳肉兼用牛产业的发展起到重要作用。

于永德

前言
QIAN YAN

多年来，山东省委、省政府一直坚持把做大做强畜牧业作为全省经济发展的一项重要举措，农业和农村经济结构战略性调整的重要内容，增加农民收入的重要途径来抓，有力地推动了山东省畜牧产业的高质量发展。自2006年起，山东省实施了"中国－德国乳肉兼用牛改良"开发项目，引进了德系西门塔尔牛（弗莱维赫）和法系西门塔尔牛（蒙贝利亚），开展了有组织、有计划、大规模的本地牛改良工作。2008年，高密市畜牧良种繁育中心进行了山东省第一头乳肉兼用牛挤奶试验示范，标志着乳肉兼用牛从"役用为主，肉用为辅"向"肉用为主，乳用役用为辅"再到"乳肉并重，役用为辅"的历史性转变。我们经过10多年的探索实践，在乳肉兼用牛品种改良、农作物秸秆饲料化利用、乳肉兼用牛养殖模式、乳肉兼用牛挤奶技术的推广、牛奶制品开发生产、疫病防控等方面进行了技术创新，积累了成熟经验。乳肉兼用牛牛奶属于高端特色产品，营养价值高、开发前景广阔，备受关注。"乳肉兼用牛牛奶""乳肉兼用牛牛肉"品牌影响力不断加强，山东乳肉兼用牛从无到有，产业化开发初见端倪。

目前，发展山东乳肉兼用牛产业要加快实施"以奶促肉、奶肉共同开发"战略。坚持"市场拉动、企业带动、政府推动"原则，以转变奶牛生产方式为突破口，大规模开展乳肉兼用牛品种改良，培植奶源和肉库基地，壮大龙头企业，着力推进乳肉兼用牛规模化、标准化、产业化和现代化进程。

值得一提的是，"中国－德国乳肉兼用牛改良"开发项目在山东省成功落地，凝结着项目参与科技人员和养殖者的汗水和智慧，被德方评估为"具有实践意义和成功的典范项目"之一。

本书是对15年来山东省乳肉兼用牛推广技术和经验的总结，实用性、针对性和操作性强，希望能够发挥引领和指导作用，并在实践中得到丰富和完善。

著 者

目录
MU LU

第一章
乳肉兼用牛品种与利用

　　根据牛的生产类型和主要生产性能，可分为乳用型牛、肉用型牛和乳肉兼用型牛。以产奶为主的牛称为乳用型牛。乳用型母牛产奶量高，饲养管理条件高；乳用型公牛可作为育肥牛或利用公犊牛直接生产血清。以生产牛肉为主的牛称为肉用型牛，一般肉用型母牛不用于挤奶，而用于繁殖；肉用型公牛主要作为育肥牛。乳肉兼用牛则兼顾产肉和产奶性能，公牛育肥产肉性能类似肉用型牛，母牛产奶量虽略低于乳用型牛，但饲养管理低于乳用型牛。在优良饲养管理条件下，乳肉兼用牛的产奶量和牛奶质量可超过乳用型牛。

第一节　欧洲乳肉兼用牛品种

　　欧洲乳肉兼用牛主要是西门塔尔牛，不同国家和区域选育方向和目标不同，目前育种体系完善、群体较大、推广应用较多的主要是法系西门塔尔牛（蒙贝利亚，Montbeliard）和德系西门塔尔牛（弗莱维赫牛，Fleckvieh）。法系和德系西门塔尔牛的育种目标是平衡的，既注重母牛的产奶性能，又注重公牛和淘汰母牛的产肉性能。综合目标是良好的适应性，从而实现与世界不同牛的发展体系相匹配。

一、蒙贝利亚牛的优良性能和育种进展

1981 年法国蒙贝利亚牛全国泌乳期平均产奶量为 5 561 千克（经测定 20.8 万头泌乳母牛产奶结果，304 天产奶的乳脂率 3.67%、乳蛋白率 3.34%）。2004 年该牛全国泌乳期平均产奶量为 7 486 千克（经33.8 万头泌乳母牛测定结果，319 天产奶的乳脂率3.89%、乳蛋白率 3.45%）。育种目标即对该牛产量、繁殖、寿命和健康的同时选育。体形鉴定和测定体细胞数是选育长寿型和健康牛的手段。法国蒙贝利亚牛属于兼用型牛，在产乳和产肉性能方面表现优秀。

法系西门塔尔牛存栏 150 万头，其中泌乳母牛 68 万头，有泌乳记录母牛 38.1 万头。母牛泌乳期平均产奶量 7 486 千克，乳脂率 3.89%，蛋白率 3.45%，每毫升牛奶中乳细胞数为 19 万个。青年公牛存栏 160 万头，生长公牛 500 万头，育肥公牛 891 万头。公牛平均寿

命 18~20 月龄，10 月龄重 420 千克，日增重（自出生）1 350 克；胴体重 400 千克，胴体日增重 687 克，屠宰率 55%~60%。淘汰母牛平均胴体重 355 千克，初产 29.6 月龄；产犊间距 391 天，产犊牛 24.3 万头，头胎死胎率 5.8%，难产率 3.2%；经产牛 52 万头，难产率 2.1%。

二、弗莱维赫牛的优良性能和育种进展

弗莱维赫牛即德系西门塔尔牛，目前在世界范围内共有 4 000 多万头，属于乳肉兼用牛。德国弗莱维赫牛具有泌乳性能高、育肥产肉性能好、抗病力强、耐粗饲的特性。弗莱维赫牛与荷斯坦奶牛相比，适应性更强。1990 年弗莱维赫牛被确定为独立的乳肉兼用型牛品种。弗莱维赫牛能适应多种饲养管理条件，产奶和产肉性能优良。

1. 品种特征

弗莱维赫牛体形大，额宽、颈短；体表肌肉群明显，体躯大；骨骼粗壮坚实，背腰长宽而平直；后躯发达，臀部肌肉饱满，呈圆柱状；四肢粗壮，球节结实，蹄部系部致密，强健有力。母牛乳房发达，附着好，匀称紧密，乳静脉明显；毛色多为红白花，头部多为白色，部分带眼圈；前胸、腹下、尾帚和四肢下部为白色。

2. 生产性能

（1）乳用性能：成年弗莱维赫母牛尻宽且微倾，乳房附着好，多个泌乳期后也能保持在飞节以上。泌乳期平均产奶量 7 000~10 000 千克，乳脂率 4.2%，乳蛋白率 3.7%，与黑白花奶牛相比分别提高 0.5% 和 0.7%，连续 5 个泌乳期保持产奶量增长，可生产奶酪等高档乳制品。弗莱维赫牛乳房炎发生率低，每毫升牛奶中体细胞数平均为 18.5 万个。

（2）肉用性能：弗莱维赫公牛犊增重快，适合作育肥牛。成年公牛日增重 1 350 克，屠宰率达 70%，净肉率达 60%，肉质等级较高。成年母牛屠宰后，可生产带有大理石花纹的高档牛肉。530 日龄育肥公牛的宰前活重为 380~420 千克，屠宰率可达到 58%~59%，并且一致性特别好，肉质一流。

（3）适应性强：弗莱维赫奶牛初产在 28 月龄，产犊间期为 395 天，顺产率高。弗莱维赫奶牛寿命长、健康指数高，每头奶牛终身总产奶量可达 30 吨以上，产犊牛大于 4 头。

（4）耐粗饲：弗莱维赫牛耐粗饲，适应性和抗病力强，体细胞数比较低，乳房极为健康，臀部厚实，体形健硕，遗传性稳定，更适合圈养和放牧。

弗莱维赫牛是德国著名乳肉兼用牛品种，1997 年德国就采用了综合育种值选育，2000 年则将包含产奶性能、产肉性能及适应性等性状的综合选择指数正式应用于核心群选种，系统开展了弗莱维赫牛的选育工作。2005 年德国弗莱维赫牛泌乳期平均产奶量达到 6 854 千克，在产肉性能（日增重、屠宰率等）和繁殖性能等方面也表现优秀。

弗莱维赫牛在德国存栏 350 万头，其中泌乳母牛 120 万头，有泌乳记录的母牛 90.9 万头，良种登记母牛 65.7 万头。有记录的母牛年平均产奶量 6 854 千克，乳脂率 4.14%，乳蛋白率 3.48%，每毫升牛奶中乳细胞数 19 万个。每年测定青年公牛 500 头。测定 23.7 万头公牛产肉性能，平均 19 月龄，活重 680 千克，日增重（自出生）1 350 克；胴体重 394 千克，日增重 687 克，屠宰率 58.2%。母牛初产 29.6 月龄，产犊间期 391 天。测定 24.3 万头初产分娩牛，头胎死胎率 5.8%，难产率 3.2%；测定 52 万头经产牛，死胎率 3.7%，难产率 2.1%。

第二节　乳肉兼用牛的杂交利用

乳肉兼用牛因产乳、产肉性能优良和适应性强而在世界上享有盛名，21 世纪后被广泛应用于各种类型的乳用牛、肉用牛杂交体系。杂交是繁育的一种方法，不能提高牲畜品种的遗传水平，但能够利用杂种优势与品种互补优势，实现后代生产性能的高产高效。乳肉兼用牛可通过与奶用型牛、肉用型牛、适应性强的牛杂交，充分发挥其生产潜力。

乳肉兼用牛与其他牛杂交，可提高后代繁殖效率，降低近交衰退发生率；更适应市场对乳制品的需求，选择合适的奶牛品种，可望在短时间内改变牛乳的成分构成和比例；通过杂交，可利用牛品种互补优势，实现产乳与产肉兼顾，生产效益更高。

乳肉兼用牛与其他牛品种杂交也存在不足，如疾病性繁殖障碍和杂交后代整齐度不一致等问题。

一、杂交利用生产模式

1. 与乳用型牛杂交，产乳和乳肉兼顾

用乳肉兼用牛与乳用型牛杂交，来提高生产效率，人们早就开始尝试了。1992 年美国伊利诺伊州报道，1949~1969 年进行了荷斯坦牛与更赛牛的杂交，对其中 778 头杂交母牛的研究发现，杂种后代的存活率、繁殖性能和产奶性能等都有提高。按每头母牛每胎次经济效益计算，杂交母牛比纯种母牛可多获利 14.9%。

21 世纪美国农业部相继组织了大规模乳用型牛杂交试验，目的在于比较各种杂交组合的效果和生产效率，包括荷斯坦牛、北欧红牛、蒙贝利亚牛、诺曼底牛。2006年公布的试验结果没有校正母牛妊娠早对产奶量的影响，荷斯坦牛与蒙贝利亚牛杂交一代牛头胎产奶性能（泌乳期平均产奶量9 210千克）比纯种荷斯坦牛（泌乳期平均产奶量9 889千克）低5%，二胎低7%，三胎低5%；蒙贝利亚杂种母牛在头胎难产率方面比荷斯坦牛高10.5%（17.7%与7.2%），死胎率低7.8%（14%与6.2%）；在头胎后20个月内再次产犊的比例，蒙贝利亚杂种母牛比纯种荷斯坦牛高16%（83%与67%）。总之，蒙贝利亚牛与荷斯坦牛杂交后代的年平均产奶量比纯种荷斯坦牛低5%~7%，但在繁殖性能方面杂种母牛比纯种母牛高10%。

弗莱维赫牛与荷斯坦牛杂交，后代母牛易管理、繁殖能力强、体重大，淘汰时也能给奶农带来巨大收益（在德国可达2 500欧元）；杂交后代小公牛长势好，比纯种荷斯坦牛收益多（在德国多100~200欧元）。弗莱维赫牛与荷斯坦牛杂交后代的产奶量目前没有正式发表的科研结果，但据杂交后代的生产性能测定（DHI）结果显示，杂交一代母牛头胎305天正常产奶量可达8 000千克。随着杂交进展，当弗莱维赫牛血统比例上升到87.5%时，杂交后代母牛头胎305天产奶量可达9 000~10 000千克。杂交群母牛的平均产奶量，取决于杂交前荷斯坦牛群体整齐度、平均产奶量和乳肉兼用牛的遗传潜力。

乳肉兼用牛与红色荷斯坦牛、娟姗牛和瑞典红牛等乳用型牛品种杂交也存在同样的优势，杂交后代的产奶量、产肉性能、繁殖性能和生产效益均有提高。

2. 与肉用型牛杂交，产肉和乳肉兼顾

肉牛杂交生产体系是利用父本和母本的不同特性，通过品种互补和杂交优势，获得适应性更强，生产效率更高的肉牛。肉牛生产要求品种生长速度快、早熟、母性好、泌乳性能良好、耐粗饲（或放牧）、肉质好、温顺等，这些特性不可能一个肉牛品种就具备，但可通过父本和母本杂交而获得。

西门塔尔牛因适应性强、母性好和泌乳性能好，是母本的最佳选择，同时它生长速度快、胴体品质高、瘦肉产量高，也是父本的最佳选择。因此，目前世界肉牛杂交生产体系中，均以西门塔尔牛作为母本或者父本，或者形成合成系（如西门格斯，Simangus）、配套系（宝塔肉牛系，Beef Booster），或者简单地采用二系配套、三系配套高效生产肉牛。

3. 与适应性强的牛杂交，后代适应性强

目前专用奶牛或肉牛品种无法适应恶劣气候环境条件，可通过与较强适应性的乳肉兼用牛杂交，形成高产和高效的新品种（品系）。从澳大利亚北部山区，到美国南部，再到非洲，利用西门塔尔牛与本地牛杂交，形成了很多能够耐受当地恶劣气候、饲料条件，同时高效产乳和产肉的合成系。如辛布拉（Simbrah），杂交后代具有性情温顺、乳用性能高、母性好、牛犊日增重高、肉质好等特性，同时又有耐热、耐寄生虫等特点。

二、乳肉兼用牛的优势

自 20 世纪 70 年代后期，我国引进西门塔尔牛杂交改良地方肉牛品种，后代牛表现出适应性强、耐粗饲等特性。西门塔尔母牛产奶量和产奶效率不如荷斯坦奶牛高，公牛产肉性能不如纯种肉牛品种。目前西门塔尔牛在中国已形成了 3 万头纯种群体和 602 万头杂交群体。

1. 乳肉兼用牛提高了群体生产性能和供种能力

拥有纯种乳肉兼用型牛，可在国内开展纯种繁育，建立省级、市级、县级繁育站和改良站，组建乳肉兼用牛全国联合育种体系，逐步从引种向自繁育种过渡。

2. 乳肉兼用牛提高了杂交后代产奶性能

目前我国奶牛饲养管理正走向规模化、集约化，但分散的小规模养殖仍占有一定比例。荷斯坦奶牛对于饲养管理条件要求较高，分散的小规模养殖往往难以满足荷斯坦奶牛对饲养管理条件的要求。在粗放管理条件下，荷斯坦奶牛常表现产奶量低、抗逆性差、使用寿命短等问题。为克服乳业生产中的这些问题，充分利用已有乳肉兼用牛杂交后代及杂种群体，通过杂交生产、引进欧洲最新乳肉兼用牛遗传种质等方法，提高乳肉兼用牛杂交后代的产奶、产肉水平，更适合我国养牛情况。

乳肉兼用牛杂交后代所产牛奶干物质含量高、风味物质丰富，已在新疆、四川等地显露出其优势，发展特色品牌产品也是利用乳肉兼用牛的策略之一。

3. 乳肉兼用牛提高了杂交后代肉用性能

充分发挥乳肉兼用牛的遗传优势，发展肉牛杂交配套生产，可为瘦肉型胴体或者大理石花纹优质胴体等优质特色牛肉生产提供种质支撑。

4. 乳肉兼用牛提高了杂交后代的适应性

我国南方高湿、高热、寄生虫高发，而北方则无霜期短、气候寒冷，直接引进乳用型牛或肉用型牛适应性都不好，利用乳肉兼用牛杂交后代适应性强的特点发展牛奶和牛肉生产，更容易获得成功。

第三节 山东省乳肉兼用牛的发展

20世纪70年代以前，山东省主要以养殖地方品种牛为主，20世纪70年代中后期开始引进国外牛品种进行杂交改良。20世纪80年代山东省引进了西门塔尔牛，更注重的是肉用性能。2004 年山东省开始引进世界公认优良的乳肉兼用牛品种，如德系西门塔尔牛（弗莱维赫）和法系西门塔尔牛（蒙贝利亚）等。根据山东省养牛产业发展的需求，一是要利用乳肉兼用牛品种对本地牛品种改良，提高肉用性能和产奶量；二是要利用乳肉兼用牛对低产的荷斯坦奶牛进行改良，在不降低产奶量的基础上，平衡肉用性能。

一、山东省乳肉兼用牛的推广

由于早期从欧洲引进的西门塔尔牛是 20 年前的育种成果，生产性能已经相对落后。现在欧洲牛育种是利用现代化分子检测手段，以西门塔尔牛产乳性能与产肉性能为育种目标，形成了独特的乳肉兼用牛育种体系和生产体系。

1. 引进和推广乳肉兼用牛种质

2006 年，山东省从德国引进 100 枚弗莱维赫牛胚胎，分别在高密肉牛繁育中心、广饶开元奶牛场和齐河晨峰奶牛场进行胚胎移植，获得 16 头纯种弗莱维赫牛，为山东省开展弗莱维赫牛纯种繁育、外源种质导入和杂交改良等工作奠定了基础。2007 年在西门塔尔牛饲养较多和改良基础较好的高密、招远、莱阳、临朐、广饶 5 个县（市），开展了利用弗莱维赫牛冻精细管改良本地西门塔尔牛工作，共改良杂交牛

2.5 万余头。2008 年弗莱维赫牛的推广范围扩大到 15 个县（市），杂交牛的数量越来越多。

2. 普查登记西门塔尔牛信息

为摸清山东省本地西门塔尔牛准确数量，2007 年对高密、莱阳、招远、临朐和广饶 5 个县（市）开展了普查登记，登记良种可繁母牛 2.17 万头。2008 年登记的平阴、海阳等 10 个县（市）优质西门塔尔母牛有 4.22 万头。西门塔尔牛品种登记，主要是采集牛号、出生日期、出生地、体重、纯度、畜主等信息，建立登记数据库。

3. 建立乳肉兼用牛种公牛站

为加快弗莱维赫牛的推广，完善乳肉兼用牛的繁育体系，山东省采用国际先进育种理念、育种体系，组建了弗莱维赫牛种公牛站。山东省种公牛站有限责任公司以饲养纯种弗莱维赫牛种公牛为主，满足了山东、河北、吉林等省输入优质弗莱维赫牛种质的需求，为提高全国养牛产业的生产水平做出了贡献。

4. 建立乳肉兼用牛核心群扩繁场

山东省建立了乳肉兼用牛核心群扩繁示范场，养殖纯种弗莱维赫牛和优秀杂交改良后代，激发了周边地区农户养殖乳肉兼用牛的热情。

二、乳肉兼用牛的杂交利用

1.杂交改良对象

乳肉兼用牛引进后，杂交改良对象主要是本地牛和黑白花奶牛。

（1）与本地牛杂交改良：弗莱维赫牛与本地牛品种杂交，除了能改良初生重、日增重、屠宰率、肉质等级等育肥产肉性能外，更重要的是提高产奶性能，为犊牛提供充足的母乳。母乳充足可增强犊牛体质，加快其生长速度，同时保证母牛正常的产后发情。本地牛体形小，后躯瘦弱，通过杂交改良，本地牛的肉用性能和乳用性能有很大提高，杂交后代母牛的日产奶量可达 20 千克以上。

（2）与黑白花奶牛杂交改良：弗莱维赫牛与黑白花奶牛的杂交后代，新陈代谢稳定、体质健康，体细胞数低、抗病力强，适合舍饲和放牧，使用寿命长。杂交后代的体形显著增大，尤其是后躯明显变发达、浑圆；肢蹄强健，胸部、尻部、腰部变宽。杂交后代公牛育肥产肉性能得到明显提升，解决了黑白花公犊牛增重慢、产肉性能差、销售价格低的缺陷。弗莱维赫牛与黑白花杂交后代母牛产奶量大，乳脂率和乳蛋白率高，有效降低了防疫、人工、饲草成本，可谓一举多得。

2. 杂交组合模式

山东省本地牛属役用型，要向乳肉兼用型转变，必须引进德系或法系乳肉兼用型种质，进行杂交改良。试验证明，以德系或法系乳肉兼用牛为父本，本地牛或杂交改良后代作母本，开展杂交改良工作，改良效果好。

（1）两个品种杂交组合模式：采用乳肉兼用牛为父本，与本地牛进行级进杂交。

（2）3个品种杂交组合模式：先采用法系或德系乳肉兼用牛为父本，与本地牛杂交，大量繁殖杂一代，再用德系或法系公牛与杂一代母牛杂交。试验结果表明，三品种杂交母牛的产奶量比两品种杂交母牛的产奶量高。德系西门塔尔牛杂一代、杂二代母牛泌乳期平均产奶量分别为 6 041.20 千克和 6 267.60 千克，平均日产奶量分别为 19.80 千克和 20.55 千克，最高日产奶量分别为 26.34 千克和 28.45 千克。三品种杂交母牛泌乳期平均产奶量为 6 294.60 千克，平均日产奶量为 20.63 千克，最高日产奶量达 31.23 千克。

3. 乳肉兼用型牛新组合（品系）

德系西门塔尔牛与本地牛通过三四代级进杂交或者三品种反复杂交后，选择优秀母牛和公牛组成核心群进行横交固定。通过几个世代的选育，最终可形成具有一定本地牛血统，适应山东省气候、生产特点，具有良好产奶、产肉性能的乳肉兼用型山东西门塔尔牛新品系；或者选择优秀杂交母牛与适宜的乳肉兼用型公牛继续杂交，实行定向选育，直至产乳和产肉性能达到一定的水平时再进行继代选育，也可以选育出乳肉兼用牛新品系。通过不同的杂交选育途径，可形成山东省乳肉兼用牛的不同品系，以适应不同生产水平的需求；或者通过不同品系相互配种的方法，进行更大规模商品生产。

三、引进乳肉兼用牛的重要作用

早期山东省引进西门塔尔牛种牛，主要注重肉用功能，对地方品种牛进行杂交改良。改良后代在山东省有200万头，主要集中在胶东半岛、鲁南地区和鲁西北地区。改良后代牛具有体形高大、结构匀称、体质强健、繁殖力高、性情温顺、耐粗饲、抗病、增重快和出肉率高等特点。成年公牛体重 648.45 ± 101.21 千克，成年母牛体重 499.77 ± 69.83 千克，是开展乳肉兼用牛杂交改良的重要基础种质。

乳肉兼用牛优良品种的引进和推广，对于提高山东省养牛产业的整体生产水平产生了深远影响。荷斯坦牛在山东奶业发展中虽然立了头功，但综合效益不理想，而乳肉兼用型的西门塔尔牛，特别是德系西门塔尔牛（弗莱维赫）相对荷斯坦牛有明显的优势。西门塔尔牛产奶量不比荷斯坦牛低多少，但耐粗饲，抗病能力强。母牛所产奶的乳蛋白、乳脂肪等干物质含量，乳脂率和乳蛋白率均高于荷斯坦牛，公牛育肥卖肉，母牛淘汰时还可以当肉牛卖，产值高，综合效益好。

　　乳肉兼用牛有利于提高养牛业效益。弗莱维赫牛的公犊牛可以育肥，比奶牛公犊牛更有优势。弗莱维赫牛既能满足原料奶供应多元化及优质乳制品生产的需要，又能生产中档牛肉。利用弗莱维赫牛，实现肉牛、奶牛和兼用牛三元发展，是一条取得高养殖效益的可行之路。

•○• 第二章

优良乳肉兼用牛的特点与繁殖技术

第一节　优良乳肉兼用牛的特点

乳肉兼用牛的泌乳性能，与体形外貌、体尺、年龄等有着密切联系，应根据乳肉兼用牛的体形外貌、体尺、年龄等综合选择。

一、体形外貌

乳肉兼用牛的体高、体长、胸围和体重，是衡量乳用性状和身体容积的指标。产奶性能好的乳肉兼用牛，头颈清秀、眼大凸起、口阔，鼻镜宽、鼻孔大，颈细、头肩结合好，皮薄细致且富有弹性，皮下血管明显，毛色光亮，蹄质坚实、四肢健壮、关节明显。母牛乳房发育良好，大而深，底线平，呈碗状；前乳区向腹部延伸，后乳区向股间后上方突出，四乳区发育匀称；四乳头呈柱形，大小适中。

二、生长发育性能

乳肉兼用牛生长发育性能主要参考体尺、体重，包括初生重，6月龄、12月龄、第一次配种（14月龄左右）及头胎牛的体尺、体重。体尺性状主要有体高、体斜长和胸围等。

三、利用年限

乳肉兼用公牛可利用6~8年，只有适度使用公牛，才能延长利用年限。公牛在8~12月龄性成熟，具备了生育能力，但身体正处于生长发育旺盛期，不宜作种牛用。当种公牛长到16~18月龄、体重560千克以上，就可以开始调教配种或采精，青年牛每周两次。公牛2岁时再转入正常配种或采精，每周2~3次。

一般乳肉兼用母牛在6~12月龄初次发情，持续期较短，周期也不正常，生殖系统及其机能仍处在生长发育期，还不适于繁殖。母牛在8~12月龄性成熟，具备了生育能力，但此时配种受孕，会影响生长发育和今后的配种繁殖，缩短利用年限，后代的牛活力和生产性能也低。母牛初配年龄以1.5~2岁为宜，具体看个体的生长发育状况。以成年牛为标准，当个体体重达到成年牛的65%~70%、体高达90%、胸围达80%时为初配适龄，经济效益最好。乳肉兼用成年母牛全年都发情，每年 8 月至翌年 3 月相对集中。乳肉兼用母牛正常发情周期平均为 21 天（16~24 天），青年母牛比成年母牛短些；在临床上，常因为营养不良、饲养单一、使役过重、泌乳过多、环境温度突然变化等因素，导致母牛体内激素分泌失调，引起异常发情、失配或误配。母牛配种后 21 天，没有出现返情现象，估计已怀孕。在配种 60 天后，请有经验的兽医进行确诊。如确诊母牛已怀孕，要注意保胎和加强饲养管理。

有的母牛配种后几天又有发情表现，称为二次发情，也称"打回栏"。临床上 30% 的产后母牛，在产后第一次发情、排卵或配种后，接着又很快出现第二次发情，与第一次发情间隔少则 3~5 天，多则 7~10 天。对"打回栏"母牛要及时进行第二次输精，怀胎率较高。

第二节　乳肉兼用牛的繁殖性能

一、牛群繁殖性能

牛群的繁殖性能，是牛场重要的经济性状之一。牛多为单胎，双犊率小于 3%，所以群体的繁殖效率就显得更为重要。

1. 受配率

受配率表示 1 年内一个牛场（或群体）参加配种

的母牛数占该牛场（或群体）内所有可繁母牛数的百分率。受配率主要反映了该牛场（或群体）内繁殖母牛的发情、配种及其管理状况。

受配率 =（年内受配母牛数 / 年内存栏可繁母牛数）× 100%。

2. 受胎率

受胎率分为总受胎率、情期受胎率和第一次授精情期受胎率。

（1）总受胎率：1 年内受胎母牛头数占配种母牛头数的百分率。该指标可反映牛群的受胎情况，衡量年内配种计划的完成情况。

总受胎率 =（年内受胎母牛头数 / 年内配种母牛总头数）× 100%

（2）情期受胎率：在一定期限内，一般按年度计算，受胎母牛数占该期内配种母牛总情期数的百分率。受胎母牛至少有一个情期，有的母牛有数个情期可能又未受胎。前一头牛情期为 1，后一头牛是几个情期就按几，逐头累加，求得总情期数。

情期受胎率 =（受胎母牛头数 / 一定期限内配种牛总情期数）× 100%

（3）第一次授精情期受胎率：表示第一次配种就受胎的母牛数占第一情期配种母牛总数的百分率。该指标可反映公牛精液的受精力和母牛的繁殖管理水平。

第一次授精情期受胎率 =（第一次情期受胎母牛头数 / 第一次情期配种母牛总数）×100%。

二、乳肉兼用牛繁殖性能的影响

1. 营养因素

饲草成分不均衡、营养不全面、供给不适量，均会影响乳肉兼用牛的繁殖性能，营养水平对乳肉兼用牛繁殖性能的直接影响是引起性细胞发育受阻、胚胎活力降低或死亡，间接影响则是分泌紊乱而影响生殖活动。例如，能量不足会延迟幼龄母牛的正常生长，推迟性成熟年龄，造成怀孕母牛流产或产弱犊牛；能量过剩则会造成母牛过肥，有碍受孕，难产率增高。另外，缺乏维生素和矿物质会造成母牛发情不规律，受胎率低，母牛产后患病。

2. 饲养管理因素

牛群饲养管理，主要包括环境条件、生产规划、牛群结构等。任何的管理疏漏或失误，均会造成牛群繁殖力下降，如发情观察和记录不准会影响到输精时间，从而直接影响受胎；妊娠检查失误或延误会增加空怀数。应按时进行消毒和疫病防治，定期培训人员；加强牛群日常的运动、调教；记录牛群的发情、配种、妊娠、产犊情况，做好接产保育工作，及时处理空怀、流产、难产母牛。

3.精液质量及输精技术

冷冻精液质量不佳，会直接影响母牛受孕；输精技术不佳，则会影响母牛受孕，易造成生殖道疾病。

4.疾病因素

全身性疾病和生殖道疾病，普通病和传染性疾病，均会直接或间接影响生殖系统，造成母牛不发情、发情不规律、不能受孕、受孕困难、流产、产死胎、产弱犊牛等。例如，结核病会引起牛瘦弱、不发情；子宫内膜炎会影响合子的形成及着床，导致母牛不能受孕；染色体异常易造成母牛流产。

5.自然因素

主要是牛品种和自然生态环境的影响。例如，光照、温度等季节性变化均会影响牛的内分泌，造成繁殖力变化。母牛在夏季受胎率低，公牛睾丸、附睾温度上升，影响精子生成。

第三节 母牛繁殖与护理技术

一、母牛发情

1.初情期

一般母牛在6~12月龄时即有发情表现或排卵。初情期持续时间短，发情周期不正常，母牛生殖器官仍在继续生长发育。因此，注意公母牛分群饲养，防止乱交乱配。

2. 性成熟

母牛在 8~14 月龄时生殖器官已基本发育完成，开始产生具有生殖能力的卵细胞并分泌性激素，具备了生殖能力。此时母牛身体正处于生长发育旺盛阶段，如果进行配种受孕，会影响母牛的生长发育和今后的配种、繁殖，缩短使用年限，造成后代生活力和生产性能降低，所以此时不宜配种。

3. 体成熟

母牛在 18~24 月龄时骨骼、肌肉和各内脏器官已基本发育完成，具有了成年牛的体态结构。生产中只有当母牛接近或达到体成熟时才可配种，具体还要看个体发育状况，一般要求体重达成年的 70%。

4. 发情周期

在正常情况下，达到性成熟而没有怀孕的母牛，每隔一定时间就会出现一次发情，直到衰老为止，称为发情周期。这次发情开始到下次发情开始，称为一个发情周期。母牛的发情周期为 18~25 天，平均 21 天。

5. 发情期

发情期是指母牛从发情开始到发情结束，又称发情持续期。通常成年母牛发情期为 6~36 小时，平均18 小时；育成牛发情期约 15 小时。排卵是在发情结束后 12~15 小时。

二、母牛发情鉴定技术

不同母牛的发情表现不相同，发情鉴定可采用外部观察法、阴道检查法和直肠检查法等。

1. 外部观察法

母牛发情时兴奋不安、哞叫，两眼充血，排尿次数增多（每 5 分钟就排一次尿），食欲减退，烦躁不安，放牧时不合群。母牛阴户流出黏液，尾根下部与阴户交界处有黏液。开始时黏液是清亮透明的，后来变得浓稠。母牛互相爬跨，接受公牛爬跨，发情高峰期会站立等待公牛爬跨。在牛舍内常站立不卧，当有人走过其后部时，常回顾尾部。在运动场时四处游荡，寻找公牛，沿场地四周走圈子或对靠近的人特别紧张。若母牛有以上发情表现，可配种。

2. 阴道检查法

用开腔器撑开母牛阴道，检查阴道黏膜颜色、润滑度，子宫颈口等变化，判断母牛是否发情。将母牛保定好，用 1%~2% 来苏儿溶液消毒外阴部，再用温开水冲洗并用灭菌布巾擦干。检查人员右手持开腔器，观察阴道变化。母牛发情时，可见到阴道黏膜充血、肿胀，有光泽，黏液在阴道下积存较多。子宫颈口开放，有大量黏液附着；发情终止时，黏膜充血消失，呈浅红色，黏液量少。

3. 直肠检查法

用手探查母牛直肠，隔着肠壁触摸卵巢和卵泡，根据其发育程度来判断母牛是否发情。直肠检查法判断母牛发情最准确可靠，被广泛采用。检查者首先将指甲剪短磨平，手臂涂以润滑剂。然后将右手手指拢成锥形，缓慢旋转地伸入肛门，掏出积粪。手掌伸平，掌心向下，下按肠壁并左右抚摸。当触到骨盆底部时可以发现较硬的子宫颈，子宫颈如软骨样，易区别。手指不要放开，顺子宫颈向前移动，便可触摸到子宫体、角间沟。将手指伸到子宫角交叉处，再向前向下，在子宫弯曲处即可碰到卵巢。将卵巢握在手指肚内，仔细触摸卵巢的大小，感受质地、形状和卵泡发育情况。摸完右侧卵巢后，将手向相反方向移至子宫角交叉处，触摸左子宫角和左卵巢。如子宫角抽脱，最好重新从子宫颈和角间沟开始检查。

母牛发情时，在卵巢表面会产生一个小泡，称卵泡，内含卵子并充满卵泡液。随母牛发情的进展，卵泡逐渐增大并突出于卵巢，卵泡发育分为四期：

（1）卵泡出现期：卵巢稍增大，卵泡埋于卵巢中，部分突出于卵巢，直径0.5~0.8厘米。触诊时卵泡为一软化点，波动不明显，表明牛已发情。该期持续6~10小时。

（2）卵泡发育期：卵泡直径增大到1.0~1.5厘米，突出于卵巢而呈小球形，触之有弹性，波动明显。前半期母牛发情表现明显，接受爬跨，后半期发情表现不明显。该期持续10~12小时。

（3）卵泡成熟期：卵泡不再增大，但泡壁变薄，紧张性和波动性增强，有一触即破之感。这时母牛发情表现减弱，拒绝爬跨。该期持续6~8小时。

（4）排卵期：卵泡破裂排卵，泡液流出，泡壁变为软皮，触之有凹陷感觉。排卵后6~8小时，黄体开始生成，摸不到凹陷。一般右侧卵巢排卵多于左侧，夜间排卵多于白天。

三、母牛配种、妊娠和分娩技术

1. 适配年龄

母牛初配年龄，主要依据牛品种、个体生长发育情况和用途来确定。牛早熟品种，母牛初配为16~18月龄；牛中熟品种，母牛初配为18~22月龄；牛晚熟品种，母牛初配为22~24月龄。初配时母牛体重应达到成熟体重的70%，如年龄已达到，体重还未达标时，则应推迟初配；相反，也可适当提前，总之以达到体重标准为宜。母牛配种过早，将影响到生长发育，所产犊牛体质弱、初生重小，不易饲养，母牛产后产奶和使役力都受影响；配种过晚，母牛过肥，不易受胎，会影响配种效果。

2. 适配时间

母牛配种时间，取决于排卵时间。母牛排卵在发情结束后的 5~15 小时，卵子进入输卵管壶腹部，保持受精能力仅为 6~12 小时；精子进入母牛生殖道后，2~15 分钟就能到达输卵管壶腹部，在母牛生殖道内保持受精能力为 30 小时。在母牛发情末期或排卵前 6 小时输精为宜，当卵子进入输卵管壶腹部时，精子已完成生理准备，等待结合受精。在生产实践中，若发情母牛已不接受爬跨，表现安静，阴道黏液变黏稠，牵缕性强，用拇指和食指拉缩 7~8 次不断；直检时滤泡突出于卵巢，滤泡壁薄、紧张、波动感明显，有一触即破的感觉，此时配种最合适。

3. 妊娠识别技术

母牛配种后，从受精到分娩孕育胎儿的过程，称为妊娠或怀胎、怀孕。尽早判断母牛是否怀胎，对于保胎，减少空怀，提高母牛繁殖率和增加畜产品产量都有着重要意义。

检查母牛妊娠主要根据母牛的状态变化进行判断。通常表现为母牛不再表现周期性发情，变得性情温驯、行动稳重，放牧或赶出运动时常落在牛群之后。母牛怀孕 3 个月后，食欲增强，膘情变好，体重增加，毛色光润。初产牛能在乳房内触摸到硬块，有的母牛会表现异嗜。母牛妊娠 5 个月，腹围迅速增大，泌乳量显著下降，脉搏、呼吸频率也明显增加；初产牛乳房迅速膨大，乳头变粗，能挤出牵缕性很强的黏液。6~7个月，用听诊器可以听到胎儿心跳，妊娠期母牛心率为 75~85 次 / 分，而胎儿则为 112~150 次 / 分。在母牛腹部可看到胎儿撞动，特别是在清晨喂料饮水前及运动后。母牛妊娠 8 个月腹围更大，更易看到胎儿在母牛腹部、脐部撞动。

4. 预产期

从配种受胎之日起，到胎儿产出，为妊娠期。母牛的妊娠期平均为 280 天，误差 5~7 天为正常。一旦确定母牛妊娠，根据配种日期即可推算出母牛产犊日期。按配种月份数减 3，配种日期数加 6 计算，若配种月份数小于 3，则直接加 9 即可算出。例如，一头母牛最后 1 次配种日期为 2019 年 5 月 7 日，则预产期为：预产月份为 5-3=2；预产日期为 7+6=13，则该母牛的预产期为 2020 年 2 月 13 日。当一头母牛最后 1 次配种日期为 2019 年 1 月 29 日，则预产期为：预产月份为 1+9=10；预产日期为 29+6=35，超过 30 天，应减去 30，余数为 5，预产月份应加 1，则该母牛的预产期为 2020 年 11 月 5 日。

四、妊娠牛保胎与预防流产技术

1. 饲料营养全面

保证日粮中充足的粗蛋白质、维生素 A、维生素 E，以及钙、磷等，防止妊娠牛因营养不良而发生妊娠中止。牛的日粮应营养全面，适口性强，易消化；所喂饲料清洁新鲜，不喂发霉变质和冰冻的饲料、酒糟、棉籽饼等；加强妊娠牛怀孕后期补饲。此阶段胎儿生长迅速，如果营养物质供给不足，会影响犊牛的初生重和增重。特别是妊娠牛孕期最后两个月在冬季的，应注意合理搭配日粮，除粗料充足外，还要多补些精料、矿物质饲料、块根块茎类饲料（如胡萝卜）等，以避免失重而过瘦，但对头胎母牛也应注意防止过肥。

2. 环境适宜

每天打扫牛舍、牛床，清洗牛体、保持清洁卫生。定期消毒，严格防疫，重点预防布氏杆菌病，一旦发生会引起妊娠牛流产。

3. 合理运动与使役

牵引、驱赶、使役妊娠牛时，不要过急、过于粗暴。孕牛产前 1~2 个月应停止使役。

4. 合理用药

妊娠牛患病治疗时，用药必须谨慎，避免使用对胎儿有致畸作用的药物，禁用会引起子宫肌收缩的药物（如麦角碱、催产素、前列腺素等），禁用全身麻醉药、烈性腹泻药等。

5. 单独饲养

妊娠母牛应单独饲养，防止混养时顶架、爬跨等造成流产。

6. 避免机械性损伤

对妊娠牛合理调教，不能鞭打脚踢；路况不好时不要急于驱赶，防止牛滑倒、挤伤和碰伤。

五、母牛分娩与管理技术

1. 分娩预兆

（1）乳房膨大：母牛产前半个月乳房开始膨大；到产前 2~3 天乳房发红、肿胀，乳头皮肤胀紧；接近临产时，从乳房向前到腹胸下出现妊娠浮肿，此时用手可挤出初乳。

（2）外阴部肿胀：产前 1 周开始，母牛外阴部潮红、肿胀，阴唇皱褶消失，封闭子宫颈口的黏液塞溶化。在分娩前 1~2 天，从阴道流出透明的索状物。

（3）骨盆韧带松弛：妊娠牛分娩前尾根两边塌陷。分娩前 1~2 天骨盆韧带充分软化，尾根两侧肌肉明显塌陷，呈两个坑，使骨盆腔在分娩时能够增大。经产牛表现得更加明显。

（4）体温变化：母牛在分娩前 4 周开始体温逐渐

升高，产前 1 周可比正常母牛高出 0.5~1℃，至分娩前 12~15 小时体温又下降 0.4~1.2℃。

（5）行为变化：母牛临产前子宫颈扩张，阵痛发生，时起时卧，频频排粪尿，头不时向后回顾。

2. 分娩过程

分娩是指成熟的胎儿、胎膜及胎水自子宫腔内排出的生理过程。正常分娩过程可分为 3 个时期。

（1）开口期：母牛表现不安，子宫颈口逐渐张开，与阴道之间的界限消失，子宫收缩阵痛。开始阵痛比较微弱，时间短、间歇长。母牛阵痛逐渐加强，间歇时间变短，宫壁逐渐变厚，宫腔变小。同时由于子宫的方向性收缩，迫使胎儿自然地由下位、倒位转变为上位，向子宫颈口移动。在子宫收缩下软化的子宫颈口完全撑开，有时部分进入产道。开口期需 0.5~24 小时，平均 2~6 小时。

（2）胎儿排出期：胎儿进入产道后，子宫还在继续收缩，同时伴有轻微努责，腹压显著升高，使胎儿继续向外移动，胎囊由阴门露出。当羊膜破裂后，胎儿前肢或唇部开始露出。在经过母牛强烈努责后，将胎儿排出体外。此期为 0.5~4.0 小时，经产牛比初产牛时间长。如果是双胞胎，则在 20~120 分钟后排出第二胎。

（3）胎衣排出期：胎儿排出后，母牛暂时安静下来，间歇片刻子宫再次收缩。此时收缩间歇长、力量减弱，同时伴有母牛努责，将胎衣排出。由于母子胎盘粘连紧密，在子宫收缩时胎衣也不易脱离，一般胎衣排出需5~8小时。如果胎衣在12小时内仍未排出，应按胎衣不下处理。

六、接产与助产技术

母牛正常分娩时，胎儿两前肢夹着头先出，一般不需助产。当胎儿头部露出阴门外，立即撕破胎衣，使胎儿口鼻暴露，防止憋死。若有难产，应注入润滑剂或肥皂水，再将胎儿顺势推回子宫。经整复矫正后，在母牛努责时轻轻拉出，避免粗暴硬拉。遇有倒生位胎儿，要先露出两后肢，迅速拉出胎儿，以免憋死。如果母牛体弱而阵缩无力，可用产科绳系住胎儿两前肢系部。由左右两助手拉住绳子，助产者将手润滑后伸入产道，以大拇指插入胎儿口角，用力捏住下颚，趁母牛努责时，顺势向母牛臀部后上方用力拉。当胎儿头部通过阴门时，用双手按压阴唇及会阴部，以防撑破。当胎儿头拉出阴门后，继续拉的动作要缓慢，以免发生子宫外翻或阴道脱出。

七、母牛产后护理技术

母牛分娩产犊后，立即喂给温热糖盐麸皮汤，配方为：麸皮1~2千克、盐250~100克、糖500克、益母草 500 克、水 10~20 千克。糖盐麸皮汤可给母牛补水，有暖腹、充饥、活血的功效。

母牛产后 6 小时，助产者观察产道有无损伤及出血，有则及时处理；产后 12 小时，若母牛努责强烈，应检查子宫内是否有胎儿，避免子宫脱出；产后 24 小时内观察胎衣排出情况，若胎衣滞留及时处理。产后 15 天观察恶露排出情况，恶露排尽时子宫内容物应无恶臭味、透明清洁。每天清洗牛外阴部并定期用 0.1% 高锰酸钾液消毒，防止产后感染。观察母牛发情情况，一般产后 20~30 天开始发情，若产后 50~60 天还没发情，应进行必要的检查。

第四节　乳肉兼用牛人工干预繁殖技术

一、公牛人工干预繁殖技术

集中饲养种公牛，制作冷冻精液，利用精子控制性别。采取该技术，可提高良种公牛的利用率，1 头种公牛每年可负担 1 万 ~1.5 万头母牛的配种任务，甚至更多，相当于自然交配数量的 100~200 倍。降低饲养成本，减少种公牛的饲养头数及引种费用。减少疾病传播，有遗传缺陷或垂直传播疾病的公牛会被淘汰。克服公母牛体格相差过大而导致交配困难或生殖道异

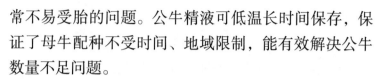

常不易受胎的问题。公牛精液可低温长时间保存，保证了母牛配种不受时间、地域限制，能有效解决公牛数量不足问题。

1. 公牛采精

采精前提是公牛性欲强，性行为正常，射精完全，精液不被污染。

常用假阴道采精法，对爬跨有困难的公牛可采用电刺激法，对未经采精训练的青年公牛可采用按摩法。假阴道法采精使用假阴道，假阴道主要由外壳、内胎和集精杯组成。外壳为一硬质橡胶圆筒，带有注温水和空气的小孔及开关；内胎由优质的橡胶管制成。将内胎两端外翻，固定于外壳上，可在外壳和内胎间注入适量温水和空气，以保持假阴道内腔适宜的温度和压力。假阴道的一端与集精管相连，用于收集精液。

（1）采精前的准备：清洗假阴道，在每次采精结束后，用含有去污剂的温水中彻底清洗，随后用清水冲净、晾干。集精管要洗净并高温消毒。将内胎放入外壳内，露出两端的内胎长短相等，翻转于外壳的两端，用胶圈固定。用长柄钳夹着 70% 酒精棉球均匀擦拭内胎。将经高温消毒的集精杯，用酒精擦拭并挥发后，扣在假阴道的一端。借助漏斗，往注水孔注入 50~60℃温水，一般注水量为假阴道内胎和外壳夹层容积的 1/2~2/3。用温度计测量内胎的温度，达到 40~42℃即可。在内胎上涂抹滑润剂，一般用灭菌白凡士林，在冬季气温较低时可用凡士林和液体石蜡（2：1）的混合剂。涂抹深度以假阴道长的 1/2~2/3 为宜。从注水孔的活塞处吹入空气，调节压力，假阴道入口呈丫形即为适度。用保温套罩住集精管保温；每次采精公牛较多的公牛站，可将假阴道放在保温箱内，随用随取。在采精前，注意测量假阴道内腔的温度，控制在 40~42℃为宜。

选择健康体壮、体形适宜的母牛，或选用性情温顺的公牛，作为台牛或用假台牛代替。采精前，将台牛保定在采精架内。对台牛的后躯，特别是尾根、外阴及肛门等部位用肥皂或洗衣粉水刷洗干净，再用消毒的布擦干。同日多头公牛采精，可让下一头公牛观察前一头公牛的采精过程，刺激和提高预采精公牛的性欲，以缩短采精时间，增加射精量。

（2）假阴道采精：在公牛爬跨台牛前适当控制，待公牛性兴奋、阴茎充分勃起时，再爬跨。采精人员右手持假阴道站在台牛的右侧，使假阴道口向上。待公牛准备射精时，右手虎口向上握住假阴道并与水平线呈 30°角。左手托住公牛的包皮将阴茎导入假阴道，公牛随即纵身射精。忌用假阴道去套公牛的阴茎，不能用手直接握公牛的阴茎，以免造成损伤。为了减少公牛精液的污染，在采精前须对公牛下腹部和包皮鞘进行冲洗。采精场地要求安静整洁、防尘防滑。

（3）按摩法采精：按摩法适用于未经训练的青年公牛和因肢蹄伤病无爬跨能力的公牛。为防止精液污染，在采精前认真冲洗公牛的包皮鞘，并剪短包皮鞘前端的长毛。对公牛保定，采精人员左手通过直肠伸到耻骨下缘，缓缓向后向下沿骨盆底部找到输精管膨大部（壶腹）和精囊腺。以拇指、食指和中指自前向后分别轻轻按摩两侧壶腹，再按摩两侧精囊腺。反复多次，最后将手掌向下，对准精囊腺后方的尿生殖道前后滑动按摩，多数公牛即可在阴茎不充分勃起的情况下射精。

（4）电刺激法采精：适用于育种价值高而失去爬跨能力或性反射迟钝的公牛。操作者戴手套，将两个电极套在拇指和食指上，伸入直肠后手指固定在腰荐部神经的射精中枢部位。以 15~20 伏交流电压刺激 5~10 秒，间歇 5~10 秒，经数次反复刺激，公牛即可射精。

2. 精液品质检查

（1）感观检查：一般牛每次射精量 4~8 毫升，过多或过少都要查明原因。若射精量太多，可能是由于副性腺分泌物过多或尿液混入；射精量过少，可能是由于采精技术不当、采精过频或生殖器官机能衰退所致。正常精液是乳白色，不透明黏稠，有时为乳黄色。

若精液颜色异常,表明公牛有生殖器官疾病,停止采精。正常精液略有膻味。

(2)密度检查:精子密度指每毫升精液中所含精子数,由此可计算出每次射精的总精子数,由此可确定输精剂量的有效精子数。精子密度检查有估测法和血细胞计算法。估测法通常与检查精子活率同时进行,在显微镜下根据精子分布的稀稠程度,将精子密度粗略分为"密""中"和"稀"三级。血细胞计算法是采用血细胞计测定每单位容积精液中精子数。

(3)活率检查:精子活率是指在精液中呈直线前进精子所占的百分率,与精子受精率密切相关。因牛精液密度较大,通常用生理盐水或等渗稀释液稀释后,取一滴精液于载玻片上,制成压片标本。放置38℃恒温显微镜载物台上,400倍视野下观察。

对种公牛的精子活率采用十级评分法。视野中精子100%直线运动者评为1,直线运动精子达90%者为0.9,80%者为0.8,以此类推。一般公牛精子活率为0.8~0.9,低于0.6则不能用来制作冷冻精液。

(4)形态检查:精子形态正常与否,与受精率有密切关系。如果精液中含有大量畸形精子和顶体异常精子,则受精能力就会降低。

(5)畸形率检查:指精液中畸形精子所占的百分率。畸形精子如无头、无尾、双头、双尾、头大、头小、尾部弯曲等，都无受精能力。检查方法是将一滴精液放于载玻片的一端，用盖玻片呈 30°~35° 角把精液推匀。待干燥后，用 0.5% 龙胆紫酒精溶液染色 2~3 分钟，用水冲洗。干燥后，在 600 倍以上显微镜下计数 300~500 个精子，计算精子畸形率。乳肉兼用牛正常精液中精子畸形率要求不超过 18%。

（6）顶体异常率检查：正常精子的顶体内含有多种酶，在受精过程中起着重要作用，顶体异常的精子会失去受精能力。顶体异常为膨胀、缺损、部分脱落、全部脱落等情况。顶体异常可能与精子生成过程和副性腺分泌物性状的不良有关，尤其是射出的精子遭受低温和冷冻伤害。精子顶体异常率是评定保存精液，尤其是冷冻精液品质的重要指标之一。正常情况下，公牛精子的顶体异常率不超过 5.9%。

3. 精液的稀释

精液稀释的目的，一是扩大精液量，以提高优良种公牛的利用率。二是能够延长精子存活时间。稀释液中含有营养物质和缓冲物质，可以补充营养和中和精子代谢产物，防止精子遭受低温伤害。

冷冻稀释液主要组成为低温保护剂（卵黄、牛奶）、防冻保护剂（甘油）、维持渗透压物质（糖类、柠檬酸钠）、抗生素及其他添加物。配制冷冻稀释液，将刚采集的精液在等温条件下立即用不含甘油的稀释液第一次稀释 1~2 倍，经 40~60 分钟缓慢降温至 4~5℃，再加入等温含甘油的稀释液，加入量为第一次稀释后的精液量。

4. 冻精制作

将稀释好的精液放入 2~5℃冰箱静置 2~4 小时，使甘油充分渗透进入精子体内，产生抗冻保护作用。凡要冷冻保存的精液均需按头份分装。目前广泛应用细管型和颗粒型冷冻精液。

5. 冷冻精液的贮存和解冻

（1）冻精贮存：目前公牛的冷冻精液大都是以液氮作冷源贮存的，可随时取出。为防止温度变化对精液质量的影响，取放动作要迅速。从液氮罐中提取冻精时，冻精不应超过液氮罐的颈基部，避免因温度回升，造成冻精解冻活率下降。

（2）冻精解冻：冻精解冻以 40℃效果最好，随着解冻温度的降低，精子活率有逐渐降低的趋势。在试管中加入一定量的解冻液，预热至 40℃，将颗粒冻精投入试管中，摇动至融化。解冻液可用 2.8% 柠檬酸钠溶液，或 3% 葡萄糖和 1.4% 柠檬酸钠混合溶液。解冻液分装于安瓿内，经灭菌和封口后可长期使用。解冻细管冻精可将封口端向上，棉塞端朝下，直接投到 40℃温水中。待冻精溶化后，可取出用于输精。

（3）人工输精：为保证有较高的受胎率，一般在给发情母牛输精前的 20~30 分钟解冻冻精。授精员可将细管冷冻精液装入贴身的衣袋内，解冻后再输精，简便而有效。

二、母牛人工干预繁殖技术

母牛人工干预繁殖技术，主要是对发情、排卵和双胎的干预。

1. 母牛发情干预技术

正常成年母牛具有发情周期和发情表现，对一些长期不发情的母牛可以采用催情技术。

（1）注射激素催情技术：对于长期不发情、发情不明显或者发情不规律母牛，可用注射激素催情，如苯甲酸雌二醇 20~25 毫克，乙烯雌酚 25~30 毫克，二酚乙烷 40~50 毫克，"三合激素"按每 100 千克体重注射 0.8~1.0 毫升。一般激素注射 3 天后有 80% 母牛发情，一般发情持续 12~26 小时，平均为 25 小时。有 71% 母牛卵泡发育正常，可在发情后 12~14 小时排卵。

（2）中药催情技术：酸枣树根内皮 3 千克、瓦松 3 千克、仙灵脾 150 克和益母草 180 克，研末三等份，每 4 天灌服一次，3 次服完。一般服药一次即可见效，有效率达 90% 以上。母牛患慢性子宫内膜炎、阴道炎且久配不孕，可配当归 40 克、川芎 25 克、生地 30 克、赤芍 30 克、山楂 30 克、连翘 30 克、香附子 30 克、红花 25 克、桃仁 30 克、益母草 80 克、干姜 20 克、双花 25 克、淫羊霍 25 克，研末灌服，10 天连服 2~3 剂。

（3）灌注促孕液催情技术：用益母草、红花、淫羊霍等制成药剂，专门用于治疗牛卵巢静止和持久黄体性造成的不发情和不孕症。用输精器插入母牛子宫内，然后灌注药剂，一次 20~30 毫升。一般灌药一次，两周后母牛就能发情受孕，无效时，隔 10 天再灌注一次即可。

2. 母牛同期发情技术

母牛同期发情又称同步发情，即利用某些外源激素，人为控制并调整一群母牛在预定时间内集中发情，以便组织有计划的配种。同期发情有利于解决牧区交通不便，影响人工授精技术推广的问题；能在短时间内使牛群集中发情，可以根据预定的日程巡回开展定期配种。同期发情可使母牛配种妊娠、分娩及犊牛的培育在时间上相对集中，便于乳肉兼用牛的成批生产，从而有效地进行饲养管理，节约劳动力和费用，对于规模化养牛有很大的实用价值。同期发情既可用于周期性发情的母牛，又能使乏情状态的母牛出现性周期活动。例如，卵巢静止的母牛经过孕激素处理后，很多表现发情；因持久黄体存在而长期不发情的母牛，用前列腺素处理后，由于黄体消散，生殖机能随之恢

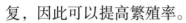

复，因此可以提高繁殖率。

（1）母牛同期发情的途径：一是延长黄体期，即通过孕激素药物延长母牛黄体的作用，抑制卵泡生长发育和发情表现。经过一段时间后停药，由于卵巢失去外源激素的控制，卵泡发育，可实现母牛同期发情。二是缩短黄体期，通过前列腺素药物溶解黄体，使黄体摆脱孕激素的控制，从而使卵泡发育，达到同期发情排卵。

（2）同期发情使用的激素：

①抑制卵泡发育的激素，包括孕酮、氟孕酮等。

②促进黄体退化的激素，如前列腺素 $F_{2\alpha}$ 及其类似物。

③促进卵泡发育、排卵的激素，如孕马血清促性腺素、人绒毛膜促性腺素、促卵泡素、促黄体素、促性腺激素释放素等。

（3）同期发情方法：

①孕激素阴道栓塞法：用器械将栓剂放入阴道深部，使药液持续被吸收。一般放置 9~12 天取塞，当天肌注孕马血清促性腺素（PMSG）800~1 000 国际单位，用药后 2~4 天母牛发情。优点是药效持续、投药简单；缺点是容易脱落。

②埋植法：将专用埋植复合剂埋植于母牛耳皮下，经 12 天后取出，同时肌注 800~1 000 国际单位孕

马血清促性腺素，经 2~4 天母牛发情。

③注射法：注射前列腺素 $F_{2\alpha}$ 及其类似物，可溶解黄体，缩短黄体期，多数母牛用药后 2~4 天发情。通常注射前列腺素 $F_{2\alpha}$ 及其类似物 0.2~0.5 毫克，若部分母牛没有反应，可采用两次处理法。即在第一次处理后间隔 11~13 天，进行第二次注射，同期发情率可达到 80% 以上。注射法适用于卵巢有黄体的母牛，无黄体的母牛不起作用。由于前列腺素有溶解黄体作用，已怀孕母牛注射后会出现流产，故使用前列腺素时必须确认母牛空怀。

3. 母牛促排与超排技术

（1）促排卵技术：母牛促排卵技术是利用外源激素或激素类似物，促进母牛垂体前叶释放促黄体素（LH）和促卵泡素（FSH），使血浆中 LH 浓度明显升高，FSH 浓度轻度升高，促使卵泡成熟而排卵。促排卵技术可应用于排卵迟缓、卵巢静止、卵泡囊肿等症。

①促排药物：包括生物提取的促黄体素（LH）和促卵泡素（FSH），或用人工合成的多肽激素、促黄体素释放激素的类似物。

②促排方法：将人工合成的促黄体素释放激素类似物（促排 2 号或促排 3 号），用水或生理盐水稀释，每次每头牛肌肉注射 50~75 微克。

（2）超数排卵技术：在母牛发情周期注射促性腺

激素，使卵巢内更多的卵泡发育并排卵。母牛超数排卵作用，一是提高母牛产双胎的比例，二是促进多个胚胎发育。

①超数排卵的药物：促进卵泡生长发育的药物，如孕马血清促性腺激素和促卵泡素；促进排卵药物，如人绒毛膜促性腺激素和促黄体素。

②超数排卵处理方法：在发情前4天（即发情周期的第16天）给母牛注射促卵泡素或孕马血清，在发情当天注射人绒毛膜促性腺激素。一般在母牛发情中期肌注孕马血清，诱导母牛更多的卵泡发育，2天后再肌注前列腺素 $F_{2\alpha}$ 或其类似物，以消除黄体。为了使排出的卵子能够受精，一般在母牛发情后授精2~3次，每次间隔8~12小时。

③影响超排效果的因素：一般不同牛品种、不同个体使用同样方法，效果差别很大。青年母牛超排效果优于经产母牛，母牛产后早期和哺育期超排效果较差。促性腺激素的使用剂量，前次超排至本次发情的间隔时间、取胚胎时间等，均可影响超排效果。如果反复对母牛进行超排处理，需间隔一定时期。一般第二次超排在首次超排后60~80天，第三次超排在第二次超排后100天。增加用药剂量或更换激素制剂，药量过大，过于频繁地对母牛进行超排处理，不仅超排效果差，还可能会导致卵巢囊肿等病变。

4.母牛双犊诱导技术

乳肉兼用牛为单胎动物，一般每次只排1个卵子，个别也有排2个卵子的。在自然状态下，牛的双胎率仅为1%~4%。原因是每侧子宫角只能维持1个胚胎，超过1个会导致胚胎死亡，牛胚胎无向对侧子宫角迁移的现象。为了提高母牛的繁殖率，可以用人工干预办法诱导母牛产双犊。

常用的诱导药物是促性腺激素，如促卵泡素（FSH）和孕马血清（PMSG）等。使用低剂量FSH或PMSG等，诱发母牛每侧卵巢都排卵。目前诱发母牛产双犊已获得成功，双犊率达到65%，并在生产上推广应用。

三、胚胎移植技术

近年来胚胎移植技术已广泛应用，但大多数乳肉兼用牛养殖场都是购进胚胎进行移植。掌握好乳肉兼用牛胚胎移植的主要技术、操作程序和方法，是提高胚胎移植成功率的关键所在。

1.选择供体牛和受体牛

（1）选择供体牛：供体牛主要提供胚胎，一般选择生产性能优良，品种特征明显，体形外貌、遗传性能稳定和系谱清楚的牛。供体牛年龄为1.5~8岁，从超排效果和便于冲胚考虑，最好选择经产1~2胎的母牛。

（2）选择受体牛：受体牛是接受移植胚胎的牛，一般选择数量多、群体大、适应性强、生产性能有待提高和改良的可繁母牛。如8岁以内性成熟母牛，体成熟并且体格大的处女母牛。

（3）供体牛和受体牛的健康要求：供体牛和受体牛都要求健康无病，繁殖机能正常，没有流产史；产后60天以上，发情周期正常；直肠检查，子宫和卵巢发育正常，没有子宫炎症、卵巢囊肿和子宫过度弛缓、下垂等。禁止选用输精枪不易通过子宫颈的母牛；长期空怀母牛；用前列腺素处理或自然发情后，10天检查黄体发育不良、卵巢静止的母牛；两次人工授精未受孕的母牛。

（4）供体牛和受体牛的性情要求：为便于供体牛冲胚操作和受体牛的胚胎移植，要选择性情温顺的母牛。禁止选用人不易接近，人工授精时暴燥不安的牛。

2. 供体牛和受体牛饲养管理

保证供给母牛优质青粗饲料、精料、维生素和矿物质、盐、清洁的饮水，做到精心管理。特别是农户分散饲养的受体母牛，在做胚胎移植前最好集中起来，强化饲养1~2个月。

3. 供体牛超数排卵技术

（1）超排药物：供体牛超数排卵处理可使用国产或进口FSH、氯前列烯醇或进口前列腺素（PG）和阴道栓（CIDR）。

（2）超排程序：供体母牛在发情后的第9~13天，连续4天早晚间隔12小时肌注FSH。在注射FSH的第3天用PG处理，以达到超数排卵的目的。一般是同时处理多头供体和受体母牛。为达到发情排卵的同期化，常采用以下2种方法。

①两次PG+FSH法。使用PG和FSH，供体母牛在第1次肌注4毫升PG，间隔10天再次注射4毫升PG，在第2次肌注PG后的第14天开始进行超排处理。FSH采用递减法（70/70；60/60；50/50；40/40）进行注射，连续4天早晚间隔12小时注射，总量为440国际单位。注射PG后第2天（注射当天为0天），早晚各输精1次，第3天视牛的发情状况再输配1次。

②CIDR+FSH法。使用PG，供体母牛在第1天植入CIDR栓，第11天开始注射FSH，采用递减法（4毫升/4毫升；3毫升/3毫升；2毫升/2毫升；1毫升/1毫升），连续4天早晚间隔12小时注射。在注射FSH的第3天，上下午各注射1.5毫升进口PG，在第4天上午注射FSH时取出CIDR栓，注射PG后的第2天（注射当天为0天）上下午各输精一次。再次输精与否，视母牛的发情状况而定。

4.鲜胚移植技术

供体牛和受体牛同期发情，从供体牛获得的胚胎可以马上移植到受体牛的子宫内。

（1）受体牛同期发情处理：受体牛发情时间与供体牛基本一致，最好提前一天。一般受体牛数量为供体牛的5倍。

①一次注射法：对发情周期第10天的受体牛进行直肠检查，选择黄体好的受体牛一次肌肉注射氯前列烯醇2~4毫升诱导发情，发情后第7天进行移植。

②二次注射法：对经直肠检查空怀的受体牛注射一次氯前列烯醇2~4毫升，间隔10天再次肌注氯前列烯醇2~4毫升，发情后第7天进行移植。或采用阴道栓加前列腺素（CIDR+PG）处理法，对空怀的受体母牛任意一天放入含有孕酮的阴道栓，10天左右取出阴道栓，同时肌注4毫升氯前列烯醇，母牛发情后第7天进行移植。

（2）胚胎冲洗：在一个培养皿中分别滴10~12滴培养液，每滴0.1毫升。用玻璃微吸管吸入培养液，挤出少量培养液。按前述方法从培养液中取出胚胎放入第一滴培养液中，排空吸管；从第二滴培养液中吸入培养液，挤出少量培养液；从第一滴中吸出胚胎放入第二滴培养液中。如此反复，直到最后一滴冲洗完毕。

（3）细管和输胚枪吸入胚胎：用0.25毫升的塑料细管，先吸入2厘米长度的培养液，再吸入1厘米长度的空气；再吸入胚胎，再吸入空气；再吸入培养液，细管的两头要留有空气间隔。整个过程用微型注射器吸入。输胚枪的安装基本与细管精液输精枪相同，特别要注意无菌操作。

（4）受体牛与胚胎的合理搭配：在对受体牛移植胚胎时，要考虑胚胎的发育情况和受体牛的发情时间。一般处于发情第 6 天的受体牛，选用致密桑葚胚移植；处于发情第 7 天的受体牛，选用早期囊胚移植；处于发情第 8 天的受体牛，选用囊胚或扩张囊胚移植。

（5）输胚：处于发情周期第 7 天的受体牛，通过直肠检查保证卵巢上有明显的黄体存在，将胚胎输入有黄体一侧的子宫角深处，操作方法基本同人工授精。先将塑料保护外套插入阴道，再插入输胚枪。在操作时要尽量减少对子宫的刺激，避免子宫受伤。一般要求在 3 分钟内完成输胚。

第二章　优良乳肉兼用牛的特点与繁殖技术

第三章 ●○○

乳肉兼用牛日粮配制技术

在乳肉兼用牛日粮中要有精饲料；要有足够的粗饲料，保证瘤胃微生物的正常功能；要有青绿饲料，以补充维生素等营养成分。

第一节　粗饲料调制

在乳肉兼用牛饲养中，一般将粗纤维含量较高的干草类、农副产品类（包括收获后的农作物秸秆、荚、壳、藤、蔓、秧）和干树叶类统称为粗饲料。

一、粗饲料的来源与种类

1.青干草

以细茎的牧草、野草或其他植物为原料，在结籽前刈割其地上部分，经自然晒制或人工烘烤，干燥到能长期贮存的程度，即为青干草。这类饲料品种较多，各类青绿饲料均可调制成青干草。

2. 秸秆饲料

各种作物收获籽实后的秸秆，可用作乳肉兼用牛饲草，包括茎秆与叶片两部分。其叶片营养成分含量较高，故叶片损失越少，相对营养价值越高。常用玉米秸秆、小麦秸秆、谷草、稻草、糜草、大豆秸秆、豌豆蔓等。

3. 秕壳饲料

农作物在收获脱粒时的副产品，包括包被种子的颖壳、荚皮及外皮等，如麦糠、米糠、稻壳、豆荚等。稻、麦等秕壳有芒，饲喂乳肉兼用牛前要预处理，一般要浸泡变软。

4. 树叶类

春夏季的树叶嫩枝水分含量较高，粗纤维含量较低，可划分为青绿饲料类；秋季的落叶则粗纤维含量增高，水分含量下降，可划分为粗饲料。

二、粗饲料的特点

1. 来源广，成本低

粗饲料是乳肉兼用牛最主要、最廉价的饲料。在牧区，有广阔的草原牧场；在农区，每年有数亿吨的作物秸秆可利用，野草也随处可得，秸秆、野

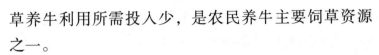

草养牛利用所需投入少，是农民养牛主要饲草资源之一。

2. 营养价值低

一般粗饲料的营养成分含量较低，品质亦较差。比较其粗蛋白质含量，豆科干草优于禾本科干草，干草优于农作物秸秆；经济作物的秧、蔓、藤及树叶与野生草的干草相当，甚至更优；作物的荚、壳营养价值略高于秸秆。

3. 利用率低

粗饲料质地粗硬，对乳肉兼用牛的肠胃有一定刺激作用，有利于正常反刍。但是，粗饲料粗纤维含量高、适口性差、消化率低，利用率不高。

三、粗饲料的调制技术

在农区饲喂优质乳肉兼用牛的粗饲料主要为作物秸秆，而作物秸秆粗纤维含量高、营养物质低，只有进行加工调制，才能提高利用率。

1. 麦糠软化

育肥乳肉兼用牛常用麦糠，麦糠的营养价值稍高于麦秸，贮存较为方便，但麦糠有芒，含泥土等杂质较多，要过筛去杂。用清水或1%~2%石灰水将麦糠浸泡6~12小时，以软化麦芒和清除泥沙，防止麦芒扎伤牛口，造成口腔炎。喂牛前1小时将麦糠捞出控水。乳肉兼用牛可全以麦糠作为粗饲料，亦可与淀粉渣（风干物）混合饲喂，300千克以上育肥牛日喂量在6~8千克。麦糠贮存时要防止霉变。

2. 麦秸氨化

麦秸可以铡短后直接饲喂，但效果较差。将麦秸氨化后，粗蛋白质可由3%提高到8%~10%。将干净无霉烂的麦秸铡短，将30千克尿素、石灰水溶液（3~4千克尿素、1千克生石灰）喷洒在麦秸上（100千克），边喷边拌匀，然后封垛或填窖。处理好的麦秸要堆在牛舍附近地势稍高处，用塑料薄膜盖严，底部用泥土压实，垛四周要挖一道排水沟。氨化处理时间视气温条件而定，春、秋两季15天左右，夏季7天左右，冬季则需30天左右。饲喂前24~48小时打开塑料薄膜，放出多余的氨气。

3. 玉米秸秆青贮

玉米秸秆的营养价值略高于麦秸，可以铡短直接喂牛。最好喂青贮玉米秸秆，以减少营养损失。

在玉米乳熟或腊熟期间带穗青贮，减少玉米收获、晾晒、脱粒、粉碎、贮存等环节，以降低成本。玉米秸秆青贮，能将90%以上的营养物质保存下来，尤其是维生素损失较少。采用砖混永久性青贮窖或土窖，用塑料薄膜贴四壁及底部，青贮完后覆盖塑料薄膜并压实。

（1）建青贮窖：在地势高、排水良好的地方建青贮窖，一般每立方米青贮玉米秸秆 500~600 千克。一般窖为长方形，长 4 米、宽 1.5~2 米、深 2 米。

一般青贮用的玉米秸秆含水量为 65%~70%。秸秆铡得越短越好，以长 1~2 厘米为宜。

（2）填满压实：将铡短后的玉米秸秆装入青贮窖，填满压实。

（3）及时封窖：青贮窖装满后，及时用塑料布将青贮玉米秸秆包裹严密，再加上 10~20 厘米厚的土封盖，顶部呈鱼脊状，高出地面 10~20 厘米。将表面拍打严整，以利于排水。发现青贮窖表面有裂缝时，要加土封好。

（4）取料饲喂：玉米秸秆经 40~50 天青贮后，即可取用。从青贮窖的一头开始垂直挖取，取后盖严，以防进气形成二次发酵。给牛饲喂青贮玉米秸秆要由少到多，与其他饲料混合饲喂。

4. 牧草加工

青绿饲料在尚未结籽前刈割，经过日晒或人工干燥制成干草，适口性好，含有丰富的蛋白质、维生素及矿物质等。禾本科草类在抽穗期，豆科草类在孕蕾及初花期刈割为好。

青干草采用田间晒制法。牧草刈割后，在原地或附近干燥处摊开暴晒，每隔数小时翻动 1 次，直到含水量降至 17% 以下，即可贮藏。或将鲜割下的牧草运到晒场，迅速铺开晒干。将干牧草铡短后，与麦秸、玉米秸秆等饲草混合后饲喂，可占粗饲料总量的 15%~20%。

调制"花草"。将鲜苜蓿运到晒场，迅速铺开，上、下各铺一层麦秸，用石碌来回碾压，使牧草的汁液能渗透到麦秸中。"花草"晒干后混合堆垛，铡短后饲喂。

第二节 食品加工副产品的调制与利用

一、酒糟

1. 酒糟的饲用价值

酒糟的化学成分及其饲用价值与造酒原料有关，变动幅度很大。高粱、玉米等谷物较薯类酒糟，能量和蛋白质含量都高。酒糟中钙磷比例失调，随着原料中粮食比例增加（高于 30%），磷含量比钙高。酒糟中维生素 A、维生素 D、维生素 E 均缺乏。用酒糟喂牛时，如牛出现背毛粗乱，眼部干燥有分泌物，严重时瞎眼（夜盲症）或排稀便、生长受阻，就是典型的维生素 A 缺乏症。因此，用酒糟喂牛时，一定要补充微量元素和维生素添加剂，尤其要注意补充钙和维生素 A。酒糟中 B 族维生素和钴、铜、锌微量元素含量丰富，不需要额外添加。

2. 酒糟的调制与处理

酒糟是发酵生产酒精后的副产品，含较多有副作用的成分，因此要控制喂量，不要多喂。少量试喂牛后，慢慢增加用量，观察其反应。新鲜酒糟可以晒干后粉碎喂牛，不新鲜酒糟要经过发酵后再喂牛。

（1）新鲜啤酒糟、谷酒糟：啤酒糟其实并不是真正意义上的酒糟，因为它是啤酒厂麦芽进行糖化工艺，过滤后直接得到的滤渣，所以其能量较高，糖分较高，营养成分比较丰富，但容易变质酸败。新鲜啤酒糟必须尽快运至养牛场，及时进行发酵和密封处理。当天出厂的酒糟（为湿料）可先粉碎处理，再降解处理，以保证饲喂效果。每 1 000 千克啤酒糟加入 50 千克玉米粉，再添加微生物发酵剂、食盐 3 千克，搅拌均匀，以含水量 60% 左右为宜。在发酵池中压紧压实，用塑料薄膜压边密封，夏季发酵 24 小时以上，冬春季发酵 3 天以上，即可饲喂。

（2）不新鲜啤酒、谷酒糟或酒糟粉：出厂堆放几天后的酒糟，由于裸露在空气中会滋生一些霉菌，而且自然发酵有很大酸味，会影响饲喂效果。先烘干或晒干酒糟，进行粉碎，然后接种微生物菌种进行发酵处理。将粉碎处理的 1 000 千克干酒糟与 100 千克玉米粉拌合，接种微生物菌种，加入食盐 3 千克，

喷水 1 200 千克。在发酵池中压实密封，夏季发酵 2
天，冬春季发酵 5 天，即可饲喂。

（3）米酒糟（白酒糟）、醋糟：米酒糟比啤酒糟
和谷酒糟能量更高一些，乳肉兼用牛喜食，但消化吸
收率不高。米酒糟经发酵后，消化吸收率提高，更适
合饲喂乳肉兼用牛。每 1 000 千克米酒糟，添加 50 千
克玉米粉、25 千克豆粕、米糠或秸秆粉 300 千克、碳
酸氢钠 5 千克、微生物发酵剂、食盐 3 千克。在发酵
池中压实密封，夏季发酵 2 天，冬春季发酵 4 天，即
可饲喂。

长期保存发酵酒糟时，发酵池要密封并压实，尽量
排出池中的空气。在保存过程中，酒糟持续发酵降解，
消化吸收率更高，营养成分更丰富。

3. 酒糟利用

酒糟是乳肉兼用牛育肥的上等饲料，尽可能让牛
采食，以补充不足的营养成分。一般育肥牛每头每天
可消耗酒糟 25~35 千克。牛采食酒糟的量随温度升高
而增加，酒糟温度为 10~13℃时，牛的采食量为 12~15
千克；14~17℃时，采食量为 18~20 千克；18~21℃
时，采食量为 25~30 千克；25~30℃时，采食量提高到
35~40 千克。冬天寒冷时，酒糟要加热至 25~30℃再喂
牛。由于酒糟温度影响牛采食量，使增重降低，饲喂
10℃酒糟的牛日增重比饲喂 20℃的低 50%。

在育肥乳肉兼用牛时，酒糟占日粮的 50%~60%，与其他饲料搭配使用。一般育肥牛强化酒糟日粮配方为 35~40 千克酒糟、1.5~2 千克精饲料、适量的维生素和矿物质添加剂。若牛轻度排稀便，应在日粮中添加瘤胃素；排稀便严重时，要调整日粮中酒糟的比例。

若夏季饲喂不经发酵的酒糟，要在 1~2 天喂完，不用酸败、霉败的酒糟喂牛。

二、苹果渣

1. 苹果渣的饲用价值

苹果渣含有大量维生素、果胶等有益成分。1 千克苹果渣中，含干物质 18.7%，粗蛋白质 1.3%，粗纤维 4.06%，粗脂肪 1.12%，无氮浸出物 11.79%，粗灰分 0.43%，总能量 3.54 兆焦，因此苹果渣是一种较好的粗饲料。苹果渣价格为 0.05 元 / 千克，适于饲喂乳肉兼用牛。苹果渣是多汁饲料，既有轻泻作用，又有较高酸度（pH 3~4），过量饲喂或饲喂不当，往往会使牛出现酸中毒、消化不良等问题。

2. 苹果渣的利用

苹果渣搭配量与日粮组成有关。当日粮中有 6.5 千克麦秸和 10 千克鲜苹果渣时，乳肉兼用牛无不良反应，还可减缓苹果渣引起的轻泻。以青贮玉米秸秆与苹果渣作为日粮喂牛，既能延长日粮在瘤胃的停留时间，又能增加乳肉兼用牛反刍次数。

（1）调节苹果渣酸碱度：乳肉兼用牛日粮以青贮玉米秸秆（pH 4.2~4.5）为主，每头牛每日饲喂 2 千克苹果渣，不会出现不良反应。若苹果渣饲喂量超过 2 千克，则牛采食量下降、流涎，日粮消化率降低。可在饲料中添加碱性物质，以调节其酸碱度。以 pH 升至 6.5 为基准，1 千克鲜苹果渣中需加 5~7 克小苏打，混匀；1 千克干苹果渣浸泡后，需加 30 克小苏打，混匀后方可饲喂。

（2）饲喂量要循序渐进：由于苹果渣适口性差且酸度较大，在乳肉兼用牛日粮中的添加量应逐步加大，一般从 1 千克起，3 天后再加 1 千克。

（3）保证苹果渣的质量：由于苹果在生产中实行套袋，果渣往往残留塑料碎屑，易被乳肉兼用牛误食而堵塞肠管，因此，饲喂前必须将异物挑除干净。秋冬季气温较低，加上苹果渣酸度较大，所以较易保存，但应堆积密封，不能暴露在空气中；如果量大可以晒干备用，避免混入泥土等杂质。

三、淀粉渣

1. 淀粉渣的饲用价值

淀粉渣干物质中粗蛋白质含量 4.5%、粗纤维含量 8.7%，是很好的乳肉兼用牛饲料。

2. 淀粉渣的调制与处理

淀粉渣含水量高，极易酸败变质，应发酵后贮存，使淀粉渣含水量保持在 65% 左右，pH 4.2~4.4，游离乳酸含量 0.4%~0.5%，温度 10~20℃。贮藏 40~60 天后，即可开窖使用。

3. 淀粉渣的利用

用淀粉渣育肥乳肉兼用牛时要有适应期，使牛习惯后再增加喂量。7 天后，体重 400 千克以上的育肥牛每天每头可喂 20~25 千克。由于淀粉渣含钙量高，须添加富含磷的矿物质饲料，以维持钙磷平衡。育肥时，每 100 千克体重每天需加食盐 20~30 毫克，并用稀释 4~5 倍的糖蜜饲料调味，日喂 3 次。冬季用糟渣类饲料催肥时可不饮水，但夏季应多供给清洁饮水。

第三节　青绿饲料的生产与利用

一、青绿饲料的特点

青绿饲料指水分含量为 70%~90% 的青绿多汁植物性饲料。这类饲料水分含量高，单位质量所含养分少，粗蛋白质较丰富，按干物质计，禾本科为 13%~15%，豆科为 18%~20%，其中非蛋白氮多为游离氨基酸和酰氨，对牛的生长、繁殖和泌乳有良好作用，饲用价值高。

1. 粗蛋白质含量丰富、消化率高

一般青绿饲料中粗蛋白质含量占干物质的10%~20%，叶片中含量较茎秆中高，豆科比禾本科高。青绿饲料的粗蛋白质消化率高，如苜蓿的粗蛋白质消化率高达76%，小麦秸秆的仅为8%。粗蛋白质品质优良，必需氨基酸全面，蛋白质的生物学价值可达80%，而一般籽实饲料只有50%~60%。赖氨酸、组氨酸含量较多，蛋氨酸含量较少，对乳肉兼用牛生长、繁殖和泌乳都有良好作用。

2. 维生素含量丰富

青绿饲料中含大量胡萝卜素，每千克含50~80毫克，高于其他饲料。其中，豆科类的胡萝卜素、B族维生素等的含量高于禾本科类，春草的维生素含量高于秋草。此外，青绿饲料还含有丰富的硫胺素、核黄素、烟酸等B族维生素，以及较多的维生素C、维生素E、维生素K等。

3. 钙、磷含量差异较大

青绿饲料中钙、磷多集中在叶片，占干物质百分比随植物成熟而下降，一般钙含量为0.2%~2.0%，磷为0.2%~0.5%。豆科钙含量特别高，与磷含量差异大。

4. 适口性好

青绿饲料中粗纤维含量占干物质的30%，无氮浸出物含量占 40%~50%，适口性好，能刺激乳肉兼用牛消化液分泌，消化率高（有机物消化率为 75%~85%）。

二、青绿饲料的来源与种类

乳肉兼用牛青绿饲料主要分为三类：第一类是牧草和青绿饲料作物，如墨西哥玉米、高丹草、黑麦草、紫云英、三叶草、苜蓿、甜菜、籽粒苋等；第二类是农作物副产品，如甘薯藤、甜菜叶、萝卜叶、南瓜藤等；第三类是树叶，如马塘草、蒲公英、槐叶、柳叶、榆叶、紫穗槐叶等。

（一）牧草和青绿饲料作物

1. 牧草

牧草分为天然牧草和人工栽培牧草两大类。带犊母牛在管理良好的草地放牧，无需补饲精饲料，一天采食 50 千克青草，就能够维持生命需要和 8~10 千克的产奶需要。

常用牧草多为禾本科、豆科、菊科等，按生育期长短可分为一年生、二年生和多年生牧草。

（1）一年生牧草：指播种当年完成整个发育过程，开花结实后死亡的牧草，如苏丹草、紫云英、毛苕子等。

（2）二年生牧草：指播种当年不开花，第 2 年开花结实后枯死的牧草，如黄花草木樨、白花草木樨等。

（3）多年生牧草：指平均生长 3~4 年，如多年生黑麦草、披碱草、红三叶等，一般第3年产量开始下降；平均生长5~6年，如苜蓿、猫尾草、苇状羊茅、鸭茅、沙打旺、白三叶等，第4~5年产量开始下降。

2. 青绿饲料作物

青绿饲料作物通过畜牧业为人类提供高产、优质动物蛋白质和能量。营养价值较高的有饲用玉米、甜高粱、小黑麦、籽粒苋、苦荬菜等。

（1）饲用玉米：将玉米在蜡熟期刈割，先收籽粒再利用风干秸秆。若每亩玉米收获350千克籽粒，秸秆产量按1.3：1估产可达455千克。籽粒和秸秆折算成绝对风干物时分别为310.5千克和416.8千克，各占总风干物的42.7%和57.3%，粗蛋白质含量分别为29.8千克和32.1千克，且牛对玉米籽粒和秸秆的利用率分别高达67.6%和32.4%，应充分利用。将玉米在乳熟期收割，秸秆的粗蛋白质含量比单独收籽粒高195%；玉米适期青割，比收获籽粒加枯黄秸秆或单纯收籽粒的蛋白质总量高2~3倍。虽然饲用玉米的能量较低，为8 846.2兆焦，但比玉米成熟后分别收籽粒和秸秆的总能量（8 244.8兆焦）高7%。因此，饲用玉米青贮是养牛的良好青绿饲料。

（2）甜高粱：甜高粱可青贮，可青饲，每亩籽实

注：1亩≈667米^2。

乳肉兼用牛科学养殖技术

064

产量 200~400 千克，茎叶产量 4 000~7 000 千克。甜高粱抽穗前茎秆和籽实的营养成分含量很高，茎秆含糖量为 50%~70%。

（3）小黑麦：小黑麦适合种于不宜种植小麦的地区，是粮饲兼用作物，分春性和冬性。小黑麦抽穗前的秸秆和籽实中营养成分含量很高，可以做青贮或直接利用干草。小黑麦除色氨酸含量低于小麦，亮氨酸含量低于高粱外，其余氨基酸含量都高于小麦、玉米等。播种较早的小黑麦越冬后，每公顷鲜草产量可达 60~125 吨；播种较迟时每公顷产量可达 45~60 吨。小黑麦秸秆粉中蛋白质含量比小麦高 10%~15%，胡萝卜素含量为 0.85~1.1 毫克 /100 克，比小麦高 34%。

（4）籽粒苋：籽粒苋中蛋白质和赖氨酸含量很高，茎叶营养价值高于一般青绿饲料，每年可收割 2~3 次。鲜茎叶每公顷产量达 112.5~150 吨，相当于干重 19~25.5 吨，刈割后再生能力强。按干茎叶中粗蛋白质含量 20% 计算，每公顷籽粒苋可提供 3 825~5 100 千克蛋白质，比玉米籽粒高 10 倍，比青刈饲用玉米高 4 倍。籽粒苋茎秆生物产量高，繁殖系数也高，是农牧结合的理想作物。

（5）苦荬菜：每年可多次刈割，主茎长到 40~50 厘米高时刈割，每亩产量可达 75 000 千克，相当于收获 195 千克粗蛋白质；苦荬菜抗性强，适应性广，干物质中蛋白质含量高，有较高的饲用价值。

（二）农作物副产品

1. 藤蔓秧类

主要包括南瓜藤、丝瓜藤、甘薯藤、马铃薯藤，以及各种豆秧、花生秧等。

2. 菜叶根茎类

这类饲料多是蔬菜和经济作物的副产品，来源广、数量大、品种多，如萝卜叶、甜菜叶、甘蓝边叶、胡萝卜、白萝卜、甜菜等。菜叶根茎类饲料质地柔软细嫩，水分含量高达80%~90%，干物质含量少，干物质中蛋白质含量仅占20%，大部分为非蛋白氮化合物，粗纤维含量少，但矿物质含量丰富。

（三）树叶

树叶嫩枝饲料含有丰富的蛋白质、胡萝卜素和粗脂肪，能增强乳肉兼用牛的食欲，其营养价值因树种和季节不同而不同。

三、青绿饲料的利用

青绿饲料产量高，营养丰富，适口性好，但水分含量高，不耐贮藏，利用不及时会影响营养价值和饲喂性能。

1. 多样搭配

不同牧草品种的营养特点不同，若单独给乳肉兼用牛饲喂，易导致营养不均衡。禾本科牧草富含糖类，豆科牧草富含蛋白质，叶菜类富含维生素、矿物质等。给牛单喂禾本科牧草易导致矿物质缺乏，单喂豆科牧草会引发瘤胃臌胀。因此，应将这几种牧草合理搭配饲喂，最好同时搭配野生杂草、树叶等。

2. 适期收割

禾本科牧草应在初穗期收割；豆科牧草应在初花期收割；叶菜类牧草应在叶簇期收割，此时蛋白质、维生素等营养成分含量最高。牧草收割后应及时给乳肉兼用牛饲喂。

3. 改善适口性

对有异味的牧草，如串叶松香草、俄罗斯饲料菜等，初次饲喂时应对乳肉兼用牛进行训饲。将青绿饲料与干草搭配，添加量由少到多，使乳肉兼用牛逐渐适应后再足量投喂。

4. 青干草搭配

青绿饲草中粗纤维、木质素含量少，不利于乳肉兼用牛的反刍。饲喂时应适当补饲优质青干草，一般夏秋季补饲干草量占日粮的30%，冬季占70%。饲喂含水量较大的牧草如鲁梅克斯、菊苣等，应晾晒至含水量降到60%以下，否则易引起乳肉兼用牛排稀便。

5. 切割至适宜长度

用于喂乳肉兼用牛的青绿饲草应切至8~10厘米，

饲喂效果良好。

四、预防危害

1. 预防亚硝酸盐和氢氰酸中毒

用青绿多汁饲料喂乳肉兼用牛时，一是不要用堆积时间过长的菜叶类饲料（如萝卜叶、白菜叶等），因为它们含有的硝酸盐会被还原为亚硝酸盐，牛吃了后会中毒；二是不要喂玉米苗、高粱苗、亚麻叶，因为它们含有的氰苷会在瘤胃内生成氢氰酸，而使牛中毒。

2. 预防瘤胃臌胀

给乳肉兼用牛单次饲喂幼嫩豆科牧草时不宜过多，因为幼嫩豆科牧草含有皂素，牛过量食用会在瘤胃内产生大量泡沫，发生瘤胃臌胀。

第四节 精饲料的配制与利用

一、精饲料的组成

乳肉兼用牛的精饲料也称为精料补充料，包括能量饲料、蛋白质饲料、矿物质饲料等。

精饲料起着补充草料中营养成分，增加养分含量的作用，是平衡饲料。精饲料各种营养性或非营养性添加剂的含量高于饲料标准需要量，必须严格控制含量，确保饲喂安全。棉籽饼、菜籽饼、胡麻饼等植物性蛋白质饲料，不仅价格较豆饼、鱼粉等便宜，而且饲喂较安全。由于精饲料是半日粮型配合饲料，饲喂乳肉兼用牛时还必须搭配青绿饲料和粗饲料等，构成全混合日粮，为牛提供全面营养。

二、精饲料的配制

乳肉兼用牛在不同生长阶段，对饲料的营养要求不同。幼龄牛处于生长发育阶段，增重以肌肉为主，需要较多的蛋白质饲料（如饼粕类）；成年牛和育肥后期的增重以脂肪为主，需要较多的能量饲料。

1. 能量饲料的选用

（1）玉米：玉米含高淀粉、高热能、低蛋白质，干物质含量约88%，粗蛋白质含量约9%，是首选的能量饲料。黄玉米含有较多的胡萝卜素、叶黄素，易使脂肪变黄，影响胴体品质，因此养殖高档乳肉兼用牛时，特别是年龄较大和育肥后期牛，应尽量少用。

（2）大麦：乳肉兼用牛育肥时，要增加大麦的饲喂量。喂大麦比喂玉米的牛肉风味好，特别是在玉米价格过高时可用大麦替代。大麦含有较高的饱和脂肪酸，脂肪能量含量（2%）低，用大麦饲喂乳肉兼用育肥牛，牛胴体脂肪硬挺，品质佳。所以，大麦是生产高档牛肉最好的能量饲料。为提高乳肉兼用牛对大麦的利用率，干燥的大麦颗粒必须粉碎。大麦含淀粉较高且可以直接变成饱和脂肪酸，在乳肉兼用牛育肥后期可用大麦饲喂，每天每头牛喂 1.6~2 千克。

2. 蛋白质饲料的选用

乳肉兼用牛饲料主要选用价格便宜和数量较大的植物性蛋白质饲料，特别是选用棉籽饼配制饲料时要谨防过量或方法不当。饲料中棉籽饼含量要低于 15%并进行脱毒处理。将棉籽饼在清水中浸泡 1 小时，然后放入锅中蒸煮，煮沸 1 小时后捞出，晒干后再用于配制饲料。

3. 精饲料的原料搭配

要根据乳肉兼用牛的生长阶段、粗饲料和青绿饲料等的供应情况，确定精饲料原料的适宜比例。一般能量饲料包括玉米、高粱、大麦等，占精饲料的 60%~70%；蛋白质饲料包括豆饼（粕）、棉籽饼（粕）、花生饼等，占精饲料的 20%~25%；矿物质饲料包括骨粉、食盐、小苏打、微量（常量）元素、维生素添加剂等，通常占精饲料的 3%~5%。

三、全价日粮的配制与利用

配制全价日粮时，要保证适当的精饲料、粗饲料比例和饲料多样化，达到营养互补，提高饲料利用率的目的。如在乳肉兼用牛的育肥阶段饲喂全价日粮，精饲料可以提高牛胴体脂肪含量，提高牛肉等级，改善牛肉风味；粗饲料在育肥前期可锻炼胃肠机能，预防疾病。一般乳肉兼用牛育肥前期粗饲料为55%~65%，精饲料为35%~45%；育肥中期粗饲料为45%，精饲料为55%；育肥后期粗饲料为15%~25%，精饲料为75%~85%。另外，还可根据乳肉兼用牛的体重分阶段配制全价日粮。

体重150~200千克乳肉兼用牛的全价日粮：每日添加玉米2千克、棉籽饼1.5千克、干玉米秸秆3千克或青贮饲料15千克。添加剂有尿素50克、食盐40克、磷酸钠20克、碳酸氢钠15克、瘤胃素60毫克。

体重200~250千克乳肉兼用牛的全价日粮：每日添加玉米2.5千克、棉籽饼1.5千克、干玉米秸秆2.9千克或青贮饲料20千克。添加剂有尿素60克、食盐40克、碳酸钙20克、碳酸氢钠18克、瘤胃素90毫克。

体重250~300千克乳肉兼用牛的全价日粮：每日添加玉米3千克、棉籽饼1.5千克、干玉米秸秆2.9千克或青贮饲料25千克，添加剂有尿素100克、食盐65克、碳酸钙10克、碳酸氢钠30克、瘤胃素160毫克。

体重300~400千克乳肉兼用牛的全价日粮：每日添加玉米6千克、棉籽饼1.5千克、干玉米秸秆2.3千克或青贮饲料30千克。添加剂有尿素150克、食盐

100 克、碳酸氢钠 45 克、瘤胃素 360 毫克。

特种饲料的制作与利用

一、特种精饲料

饲养乳肉兼用牛，除了喂足玉米、高粱、瓜干、豆饼等能量饲料，以及蛋白质饲料和优质饲草外，还需饲喂含糖量高和维生素丰富的补充饲料。

1. 糖化饲料

利用玉米等谷类籽实中的淀粉酶，把其中一部分淀粉转化为麦芽糖，可以提高适口性。在磨碎的谷类籽实中加 2.5 倍量的热水，搅拌均匀，放置于 50~55℃条件下进行酶促反应，6 小时后饲料含糖量可增加到 10%。每 100 千克玉米籽实中加入 2 千克麦芽，糖化作用更显著。将糖化饲料按 10% 添加到日粮中，乳肉兼用牛采食量增加，生长快。

2. 发芽饲料

将玉米、大麦等谷物饲料用 18~20℃温水浸泡 15 小时后，摊放在室内或大棚地面上，厚度约 5 厘米，盖上麻袋或草席等。经常喷洒清水，保持湿润，室温约 25℃，7 天即可发芽。发芽饲料含有丰富的维生素 B_2、维生素 C、维生素 E 和胡萝卜素，可为乳肉兼用

071

第三章 乳肉兼用牛日粮配制技术

牛补充维生素。特别是在青绿饲料缺乏的冬春季节，每头乳肉兼用牛每天喂 100~120 克，饲喂效果良好。

二、非蛋白氮类饲料

常用的非蛋白氮类饲料有尿素、缩二脲、异丁叉二脲、腐植酸脲、脂肪酸脲、磷酸氢二铵、碳酸铵、醋酸铵、氯化铵等。其中，尿素成本低、来源广，氮含量高，应用最多。生产中主要用糖蜜尿素舔砖和糊化淀粉尿素，可以解决尿素氮在乳肉兼用牛瘤胃中释放太快、利用率低的问题，促进微生物蛋白的合成。

1. 糖蜜尿素舔砖

糖蜜尿素舔砖能提高乳肉兼用牛对饲料的利用率和转化率，能补充能量、节省精饲料，显著提高日增重，且制作简便、方便饲喂。

（1）糖蜜尿素舔砖的配方：糖蜜 30%~40%，糠麸 25%~40%，尿素 7%~15%，硅酸盐水泥 5%~15%，食盐 1%~2.5%，矿物元素添加剂 1%~1.5%，以及适量维生素。

（2）配方原料的作用：糖蜜主要供给能量并为合成蛋白质提供碳素；糠麸作为填充物，能稀释有效成分的浓度，并起吸附作用，还能有效补充部分能量和磷、钙等营养物质；尿素可作为合成蛋白质的氮源；硅酸盐水泥为黏合成型剂，可将舔砖各原料紧密黏合在一起且有一定硬度，能控制乳肉兼用牛的舔食量；食盐可调节适口性并控制牛的舔食量，还可加速黏合剂硬化；矿物元素添加剂和维生素可增加营养元素。

（3）糖蜜尿素舔砖的制作方法：首先将尿素加适量水溶化，加入糖蜜中，再加入食盐、矿物质添加剂、维生素，搅拌均匀。再把3份硅酸盐水泥加入3份水混合，倒入糖蜜、尿素、食盐、矿物质添加剂和维生素的混合液中，充分搅拌均匀；加入糠麸，再次搅拌，最后倒入模具内制砖。

（4）模具制作：配料前，先制作长方形木模具，容量以5千克为宜。模具底部铺好塑料薄膜，用木板将配好的原料铲入模具内，用木板压平，砖干燥硬化后脱模贮存备用。

（5）注意事项：

①舔砖硬度要适中。保证乳肉兼用牛的舔食量在安全有效范围内。若牛每次舔食量过大，需加大黏合剂比例；若舔食量过小，需增加糠麸等填充物比例，同时减少黏合剂用量。

②确定每日舔食量。以乳肉兼用牛舔食摄入的尿素量为标准，成年牛每日舔食尿素量为80~110克，青年牛为70~90克。

③诱导舔食。在砖上撒施少量食盐粉、玉米面或糠麸类，诱导牛舔食。经过5天训练后，牛即会自主

舔食。

④保持舔砖清洁。舔砖要放在干净卫生处，防止沾污粪便；如果放在室外，要及时扫除舔砖上的灰尘和积雪。

2. 糊化淀粉尿素

将粉碎的小麦粉、玉米面、麸皮和淀粉等与尿素均匀混合，在温度 121~176℃、相对湿度 15%~30%、压力 28~35 千克 / 米^2 条件下制成糊化淀粉尿素。糊化淀粉尿素在瘤胃中释放氨态氮的速度变慢，瘤胃的动态降解率降低，提高了尿素利用率和安全性。使用糊化淀粉尿素饲喂乳肉兼用牛，对其日粮中的干物质和氮的消化率没有影响，但能明显提高有机物的消化率，从而增加瘤胃内微生物蛋白质的产量。

三、特种饲料添加剂

在饲料中添加功能性物质，有利于提高和改善乳肉兼用牛的生产性能。

1. 碳酸氢钠

在乳肉兼用牛饲料中添加 0.7% 碳酸氢钠，能使瘤胃内 pH 保持在 6.2~6.8，消化机能得到完善和提高，采食量可提高 9%，日增重提高 10% 以上。

2. 瘤胃素

每头乳肉兼用牛每天添加瘤胃素 200~300 毫克，

混于精饲料中，或把瘤胃素的预混料与精饲料混合后饲喂，日增重可提高 15%~20%。

3. 稀土

在乳肉兼用育肥牛的日粮中添加稀土 1 克 / 千克，日增重可提高 15%~20%。

4. 溴化钠

将 0.5 克溴化钠溶于水，喷洒在精饲料中饲喂，乳肉兼用牛的活动减少，能量消耗降低，营养物质积累，日增重可提高 11.5%~18%。

5. 益生素

益生素能平衡胃肠道内微生物，包括乳酸杆菌、双歧杆菌和枯草芽孢杆菌等，能提高乳肉兼用牛的饲料转化率。在日粮中添加 0.02%~0.2% 益生素，日增重可提高 10%~15%。

四、矿物盐舔砖

根据乳肉兼用牛的生长发育需要，以食盐为载体，加入钙、磷、碘、铜、锌、锰、铁、硒等常量和微量元素，再加工成舔砖，就是矿物盐舔砖。

1. 矿物盐舔砖的作用

通常牛的饲草饲料中含有一定量的矿物质，但不平衡、不全面，存在微量元素难以吸收的问题。矿物盐舔砖是依据牛的生理机能制成的，主要作用是维持电解质平衡，促进生长，提高饲料转化率，促进繁殖，防止矿物质营养缺乏症，如异嗜癖、白肌病、母牛产后瘫痪、犊牛佝偻病和营养性贫血等。

2. 矿物盐舔砖的使用

一般矿物盐舔砖制成扁圆柱体，中间有孔，可吊于食槽、饮水槽上方或栏中休息处，让牛自由舔食。

第四章

乳肉兼用牛饲养管理技术

第一节　乳肉兼用牛分阶段饲养管理技术

乳肉兼用牛生产要实现效益最大化，就要运用精细化饲养管理技术。按照乳肉兼用牛生长发育时期，可以分为犊牛阶段、育成牛阶段和成年牛阶段，饲养管理技术也存在差异。

一、犊牛饲养管理技术

乳肉兼用牛的犊牛饲养管理又分为新生犊牛饲养管理和断奶犊牛饲养管理。

（一）新生犊牛饲养管理技术

1. 新生犊牛护理技术

在正常情况下，犊牛出生后半小时就能自行站立，但为了犊牛的安全健康，需要加强人工护理。

（1）确保呼吸顺畅：犊牛出生后的第 1 个小时，必须确保正常呼吸。如果犊牛不呼吸或呼吸困难，须先清除口鼻中的黏液。然后人为诱导呼吸，用稻草搔挠犊牛鼻孔；或在犊牛头部洒冷水，以刺激呼吸。

（2）脐部消毒：观察犊牛脐部是否出血，若出血用干净棉球止血。将残留脐带内的血液挤干后，用高浓度碘酒（7%）或其他消毒剂浸泡或涂抹，犊牛出生 2 天后应检查是否感染，正常脐带很柔软，犊牛若感染则表现精神沉郁，脐带区红肿并有触痛感，如不处理则很快发展成败血症（即血液细菌感染），导致死亡。

（3）及时登记：犊牛的出生资料必须登记，并永久保存。新生犊牛颈套上数字环、金属或塑料耳标，以及盖印、冷冻烙印等。

（4）饲喂初乳：初乳含大量的营养物质和生物活性物质（如球蛋白、干扰素和溶菌酶），能满足犊牛的生长发育需要并提高抗病力。饲喂犊牛时注意初乳的质量和喂量。每次饲喂初乳量不能超过其体重的 5%，即每次饲喂 1.25~2.5 千克。犊牛出生 24 小时内应喂 3~4 次初乳。同时，掌握好饲喂时间，犊牛出生后 4~6 小时对初乳中免疫球蛋白（母源抗体）吸收力最强，故出生 30~60 分钟时喂 2 千克，第 2 次饲喂应在出生后 6~9 小时，持续 5~7 天。饲喂前应在热水中将初乳加热到 39℃。

（5）去角：按照一定技术程序给犊牛去角，应避免过度刺激。

（6）常乳和代乳品的饲喂：母牛产犊 7 天后分泌的为常乳，除饲喂常乳外，为促进犊牛生长还可饲喂代乳品。

（7）适时增加运动量：犊牛出生 7~10 天后，可随母牛至室外自由运动 0.5 小时，1 个月后增加至 1~2 小时，逐渐延长时间。

（8）保持犊牛舍卫生和适宜温度：要保持犊牛舍清洁、干燥、卫生，冬季保暖，夏季通风防暑。为犊牛提供洁净的水，让其自由饮用。

2. 新生犊牛安全防护技术

（1）防治窒息：新生犊牛窒息，是由于母牛个体过小、产道狭窄、胎位或胎势不正、分娩时间过长、子宫收缩无力所致。新生犊牛窒息应立即抢救。将犊牛倒提拍打臀部，以清除口腔和呼吸道中的黏液和羊水。擦干被毛后，肌内注射 0.5% 樟脑水溶液 5~10 毫升或 10% 安钠咖 2~5 毫升；窒息严重的犊牛须进行人工呼吸，即将犊牛头部放低，交替连续扩张胸壁与压迫胸壁，同时使用刺激呼吸中枢的药物，如山梗茶碱 5~10 毫克，尼可刹米 25% 油溶液 1.5 毫升或四苏贡 2 毫升等。

（2）防治脐炎：犊牛出生后脐带断端感染细菌而

发生脐炎。触诊脐部时犊牛表现疼痛、拱背，在脐带中央及其根部皮下可以摸到如铅笔杆粗的索状物，流出带臭味的浓稠脓液。轻症时，脐带残段脱落，脐孔处鲜红湿润，有少量脓性分泌物或溃疡糜烂；重症时，脐轮周围出现脓肿，流出带臭味的脓液，肿胀常波及周围腹部。犊牛表现精神沉郁、食欲减退、体温升高、呼吸与脉搏加快、脐带局部增温等全身症状，如不及时治疗会死于败血症。在脐孔周围组织发炎、肿胀而无其他全身症状时，脐部先剪毛消毒，在脐孔周围皮下分点注射青霉素普鲁卡因注射液，并局部涂抹松馏油与 5% 碘酒等量合剂。当已发生化脓或坏死，应排出脓液，清除坏死组织，用消毒液清洗，撒上碘仿磺胺粉或呋喃西林粉及其他抗菌消炎药物，并用绷带将局部包扎好。

（3）防治便秘：犊牛出生后 24 小时内不排便，且做拱背、翘尾排粪状，严重时腹痛，食欲不振，脉搏快而弱，有时还会出汗。及时用肥皂水灌肠，使粪便软化排出；直肠灌注植物油或液状石蜡 300 毫升；热敷和按摩腹部，或用大毛巾包扎腹部保暖，以减轻犊牛腹痛。

（4）防治排稀便：犊牛排稀便常发，尤其是人工哺乳时，轻者影响生长发育，重者致死。犊牛排稀便较轻，可服用蛋白酶、食母生、乳酶生等助消化药物；

对剧烈腹泻、排水样便，但无特殊腥味，选用次硝酸钠、鞣酸蛋白、磺胺脒、氯霉素、黄连素等止泻药。对重症犊牛及时补液，并配合碳酸氢钠、维生素C等解毒药物治疗。因母牛乳房炎等疾病而导致犊牛排稀便的，应治疗母牛疾病，用健康母牛的乳汁或人工喂养。

（二）酸初乳制作与饲喂犊牛技术

母牛分娩后0~3天所产牛奶为初乳，可将犊牛吸吮后剩余的初乳收集起来，制成酸初乳再饲喂犊牛。

1. 酸初乳的益处

饲喂发酵酸初乳的犊牛与喂常乳的犊牛相比，下痢率显著降低，日增重和成活率提高，犊牛成年后生产性能良好。酸初乳制作简单，生产成本低，污染少，经济效益高。

2. 制作方法

将健康母牛所产初乳收集于干净塑料桶或缸中，搅拌均匀，加盖发酵，保持室温10~21℃或奶温25~40℃。夏季气温30℃左右时，可将盛装初乳的集奶桶放置于室内避光处。在新收集的初乳中均匀加入5%已发酵好的酸初乳，8小时即可发酵好；若未加已发酵好的酸初乳，需16小时才能发酵好。冬季低温时，为缩短发酵时间，可将集奶桶置于灶台上或接近炉火旁。低温时发酵时间长，应每隔12小时搅拌1次。

3.酸初乳质量鉴别

发酵好的酸初乳似豆腐脑状，淡黄色，酸度较高，有酸香味，味道似醋，有时会有少量乳清析出；发酵不好的酸初乳较稀，红色或灰色，呈羽状或絮状，味刺鼻，甚至有臭味。发酵好的酸初乳可在低温罐储存3周，发酵不好的酸初乳不能喂给犊牛。

4.饲喂方法

酸初乳饲喂犊牛前按 2 ：1 兑水稀释，即 2 份酸初乳加 1 份温水稀释，水温为 38℃。若有足够酸初乳，对生长快的犊牛可加大饲喂量。犊牛每天喂 1 千克酸初乳，可分两次饲喂。

（三）犊牛早期补料技术

1.早期补料的作用

3 周龄以内犊牛的瘤胃、网胃、瓣胃都很小，不具备消化草料的能力，也不存在微生物和纤毛虫，只能靠吃乳汁进入皱胃后消化吸收，供给营养。若此时喂给草料，会加重瘤胃、网胃、瓣胃的负担，引起疾病。若喂草料时间过晚，犊牛肠胃得不到锻炼，且瘤胃、网胃、瓣胃生长发育慢，容积过小，最终影响犊牛的生长发育和健康。犊牛 3 周龄后瘤胃、网胃、瓣胃迅速增大，而且由于接触少量食物和饮水，微生物随着口腔进入瘤胃、网胃和瓣胃，开始出现反刍。此时，可以给犊牛饲喂鲜嫩的青草、野菜、优质青干草、粉碎的精饲料等，随犊牛长大而逐步加大喂量。这样既避免了喂草料伤害犊牛过嫩的前胃，又可使前胃的发育加快，促进瘤胃内微生物和纤毛虫的繁殖，犊牛消化饲草和饲料的能力逐渐加强。

2. 早期补料的方法

犊牛正式早期补料从 2~3 月龄开始，可以在母牛圈外单独设置犊牛补料栏或补料槽，以防母牛抢食。每天补喂 1~2 次，补喂 1 次时在下午或黄昏；补喂 2 次时，早、晚各 1 次。将混合精饲料与水按 1：2.5 混合成湿稠料，根据母乳量和犊牛体重确定饲喂量。2 月龄开始补料，以增强犊牛对补料的适应性；3 月龄时日喂量 0.2~0.3 千克，4 月龄时日喂量 0.3~0.8 千克，5 月龄时日喂量 0.8~1.2 千克，6 月龄时日喂量 1.2~1.5 千克。补饲精饲料的同时，还要给犊牛提供柔软和质量良好的粗饲料，让其自由采食。根据犊牛营养需要配制犊牛补饲精饲料，参考配方：玉米面 47%，麸皮 13%，豆饼 20%，草粉或玉米秸秆粉 15%，磷酸氢钙 1.2%，食盐 0.8%，添加剂 3%。

3. 犊牛补料效果

犊牛补料效果，可以通过"四看"直观判断。

（1）看食槽：4 周龄后的犊牛，没吃净食槽内的饲料就抬头慢慢走开，说明喂料量过多。如果食槽底和壁上只留下料渣舔迹，说明喂料量适中。如果槽内

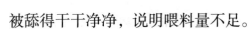

被舔得干干净净，说明喂料量不足。

（2）看粪便：犊牛排粪量日渐增多，粪条比吃纯奶时质粗稍稠，说明喂料量正常。随着喂料量增加，犊牛排粪时间形成新规律，多在每天早、晚两次喂料前排粪，粪块堆叠，像成年牛排的粪一样油光发亮，但发软。如果犊牛排出的粪便呈粥状，说明喂料过量。如果粪便过稀且臀部粘有湿粪，说明喂料量太大或料水太凉。只要停喂两次，并添加粉状玉米、麸皮等，犊牛排稀便即可停止。

（3）看食相：犊牛 10 多天就可形成条件反射，每天一到喂食时间，就会跑来寻食，说明喂食正常。如果犊牛吃净食料后，在饲料室门前徘徊张望，说明喂料不足。喂料时，犊牛不愿来槽前，也无视饲养员呼唤，说明上次喂料过多，或有其他问题。

（4）看腹部：喂食时犊牛腹陷明显，却不肯到槽前吃食，说明犊牛可能受凉感冒或患有伤食症。如果犊牛腹陷明显，食欲反应也强烈，但到食槽前闻闻就走开，说明饲料变换太大不适口，或料水温度过高或过低。如果犊牛腹部膨大，不吃食，说明上次吃食过量，停喂一次即可好转。

二、育成牛饲养管理技术

从 7 月龄至能配种为育成牛阶段，育成牛体重迅速增加，一般到 18 月龄时长到成年牛体重的 70% 以上；体尺也发生变化，腰角、胸围、腹围和体斜长增大；母牛体躯发育向粗、宽、深、长发展；体内器官特别是生殖器发育明显。

（一）育成牛饲养管理技术

1. 饲养技术

育成牛阶段主要是体重增加和骨骼发育，仍以青粗饲料为主，需补充精饲料。一般每天精饲料喂量 1.5~2.0 千克，青粗饲料尽量多样化，供牛自由采食。育成母牛按照后备母牛培育的营养需求饲养，力争 18 月龄前配种。

2. 管理技术

当公、母牛合群饲养到 18 月龄时，应分开饲养，以免发生早配乱配。对 18~24 月龄公牛应穿鼻拴饲，便于管理；对母牛进行牛舍定位饲养，每天刷拭 1~2 次，保持牛体清洁卫生。育成牛应加强运动量，促使骨骼发育，锻炼肢蹄。

（二）育成公牛育肥饲养管理技术

对育成公牛进行育肥，一般分前期、中期和后期，饲养要求各有侧重。

1. 育肥前期

育肥牛来到新环境，应提供清洁饮水，但要防止牛暴饮，每头牛限饮 10~20 千克为宜，4 小时后任其自由饮水。保持育肥舍环境安静，防止惊吓。让牛自由采食粗饲料，以青干草为宜，每天每头补饲精饲料 500 克，与粗饲料拌匀后饲喂，逐渐增至 1.5 千克。在育肥前期完成驱虫与健胃。

2. 育肥中期

通常育肥中期为 45~75 天，牛干物质采食量逐渐达到体重的 2.5%，日粮粗蛋白质水平达 12%，精粗饲料比例由 45：55 提高至 50：50。若采用白酒糟或啤酒糟作粗饲料时，可适当减少精饲料用量。该时期的精饲料参考配方：玉米 65%，大麦 10%、麦麸 14%，豆粕 10%，添加剂 1%，每头牛每天还需补加磷酸氢钙 100 克和食盐 40 克。

3. 育肥后期

通常该时期为 30~80 天，牛干物质采食量达到体重的 2.2%~2.4%，日粮粗蛋白质水平达 14%，精粗饲料比例由 1：1 提高到 1.5：1。育肥后期的精饲料参考配方：玉米 75%，大麦 10%，豆粕 8%，麦麸 6%，添加剂 1%，每头牛每天还需补充磷酸氢钙 80 克和食盐 40 克。

4. 育成公牛管理

对育成公牛进行健康检查和称重评估，按体重、年龄及营养状况分为若干组，对每头牛编号并做好驱虫、健胃工作。育肥适宜温度为 7~27℃，牛舍应冬暖夏凉。每头牛每天应刷拭 2 次，每次至少 5 分钟。每天要定时清扫牛舍 2~3 次。牛舍、牛床、牛槽每周消毒 1 次。育肥时最好每个月称重 1 次，根据增重情况分析饲料转化率，调整饲料和日粮配方，达到最佳育肥效果。

（三）育成母牛的饲养管理技术

育成母牛适配年龄为 14~16 月龄，体重 350 千克以上。加强育成母牛饲养管理，体重达到 350 千克以上可提早配种，不会影响妊娠母牛的生长和胚胎发育。供应优质青粗饲料和青贮饲料，根据粗饲料品质和母牛膘情补饲精饲料，一般每天补饲精饲料 1~3.5 千克，不饲喂冰冻、霉烂变质饲料；确保饲料中微量元素和维生素含量充足；饲喂时先喂干草，后喂青绿多汁饲料；精饲料可拌草饲喂；保证充足、卫生饮水和饲槽清洁。每天梳刮母牛全身 1 次，保持清洁，预防传染病；每年修蹄 1 次，保持肢蹄姿式正常；舍饲母牛每日要运动 2~4 小时。搞好牛舍、运动场和产房的清洁卫生。

三、成年牛饲养管理技术

母牛饲养主要是为了繁育优良后代犊牛，并保持健康和繁殖性能。母牛在各阶段都要保持中等体况，避免饲喂过肥，影响其繁殖性能。

（一）成年母牛饲养技术

要根据母牛妊娠期、围产期和产后哺乳期的特点，采取相应的饲养技术。

1. 妊娠期

母牛妊娠期约 10 个月，主要加强后 5 个月的饲养管理。在妊娠期后 5 个月，胎儿增重加快，母牛体重增加，日增重达 0.3~0.4 千克，此时母牛精饲料应每天再增加 1 千克。最后 2 个月胎儿发育最快，胎儿增重约占初生重的 70%~80%，需要的营养较多。只有满足母牛的营养需要，才能保证胎儿的正常发育，同时保证产后母乳充足。母牛妊娠后期每天饲喂的精饲料应不少于 2 千克，其中蛋白质饲料不少于 0.5 千克，同时每天补给骨粉 50 克和食盐 30 克。母牛妊娠后期应减少青贮饲料和多汁饲料的喂量。

2. 围产期

母牛围产期是指分娩前两周和分娩后两周。母牛分娩前两周，为避免分娩时过肥和难产，精饲料供给量要逐渐减少至 50%，一般为每天 1~1.5 千克，骨粉和食盐供给量也逐步减少。母牛分娩后，可以少量多次喂给温热麸皮汤和益母膏红糖水；母牛分娩两周内，任其自由采食青干草，逐步增加精饲料配合料，使母牛迅速恢复体质。母牛分娩两周后泌乳增加，母体基本恢复正常，应增加精料补充料 40%~50%，并供给优质粗饲料和青绿饲料，保证泌乳需要。

3. 哺乳期

母牛产后，既要产奶哺育犊牛，又要恢复自身体重，营养需求大。母牛产后 2~3 周子宫恶露排净，生殖器官和机能恢复正常，泌乳量逐渐上升，逐步达到泌乳高峰期。此时必须加强营养，延长泌乳高峰期。在后期，母牛泌乳量逐渐下降，直到干乳期。一般泌乳的供应基础日粮，以青绿饲料、青贮饲料、糟渣类、稻草等青粗饲料为主，日饲喂量 45~50 千克，补喂精饲料 2.5~3 千克（每增产鲜乳 3 千克加喂精饲料 1 千克）。泌乳高峰期后，根据产奶量，逐渐减少精饲料补喂量。采取先粗后精、多种饲料搭配、少喂勤添和区别对待的饲喂方法。有条件的可饲喂全混合日粮（TMR），对维持和提高母牛的产奶性能效果更好。母牛分娩后 40~80 天应观察发情情况，适时配种，配种后观察有无返情现象，及时补配。母牛分娩后 3 个月产奶量下降，若再次妊娠，增重慢，可适当减少精饲料喂量，保证充足饮水。

（二）成年母牛管理技术

1. 初产母牛挤奶调教

初产母牛对触摸乳房十分敏感，应在产前按摩，使之习惯。初产母牛应由技术熟练的饲养员进行挤奶调教。

2. 保持清洁卫生

一是饲料卫生，保证饲料无霉变、无污染，清除饲料中的铁钉、铁丝、塑料袋、绳子等异物。二是牛体卫生，每次挤奶前用水冲洗牛体，清除污垢，促进血液循环，也能保证牛奶卫生。三是牛舍卫生，每次挤完奶立即清扫、冲洗牛舍，使舍内无粪便、槽内无残料。每天清理运动场的粪便，在固定地方堆积发酵，保证水池中有足够的清洁饮水。

3. 让牛适度运动

结合场地实际情况，让挤奶牛适度运动，以促进血液循环，增强体质，提高受胎率。

（三）成年母牛配种技术

成年母牛在产后第一次发情即可配种，产后 2 个月内母牛应配上种。如果母牛 2~3 个情期后仍然配不上，应查明原因。母牛配种前进行直肠检查，精液解冻后要检查是否符合标准。按照牛人工授精技术操作规程进行输精。应在母牛发情旺季抓紧配种。

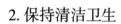 **第二节** 乳肉兼用牛季节性饲养管理技术

一般养殖乳肉兼用牛都是在开放或半开放的自然环境中，而不是在完全封闭的可调控环境中，所以乳肉兼用牛一年四季采用的饲养管理技术有所不同。

一、春季饲养管理技术

1. 采用舍饲

由于春季天气变化无常，舍饲环境条件相对比较稳定，对哺乳母牛更为适宜。一般日喂两次，夜间可适当补喂青绿饲料，让牛自由采食。

2. 合理分群

根据牛的性别、年龄、体重分群，统一饲养管理，统一出栏，合理分群是养殖乳肉兼用牛的重要措施。

3. 供给充足清洁饮水

喂饱乳肉兼用牛后，要给予充足饮水，不可让牛饮用污水、废水或泥塘水。

4. 保持牛舍清洁干燥

每天打扫牛舍，勤换垫草，保持舍内干燥，相对湿度在 85% 以下。牛舍内不要积存粪尿，以防氨气影响牛的健康。在天气晴好的中午打开门窗通风，保持舍内空气新鲜。

5. 让牛适度运动

让母牛和青年牛在运动场内自由活动，采用"转圈"强制种公牛运动，每天两小时，分上午、下午两次进行。架子牛限制运动，以便在较短育肥期内尽快增重。架子牛采用密集饲养，每头牛只给 3 米^2 场地；或将牛拴系固定，使之无法自由运动。

二、夏季饲养管理技术

夏季高温高湿，容易给乳肉兼用牛造成诸多不良影响，如热应激、采食量减少、增重减慢等。为了确保乳肉兼用牛安全度夏，应采取以下措施。

1. 防暑降温措施

在高温季节,要给乳肉兼用牛提供一个凉爽、清洁、安静的牛舍环境。

（1）加强通风：经常清除牛舍周围的杂草、灌木，有条件的打开所有门窗和透气孔通风。打开电扇、排风机，加强舍内空气流动。

（2）以水降温：栏舍屋顶安装喷水降温设施；每隔 40 分钟栏内喷雾 3~5 分钟；对牛颈部滴水降温，最好采取自动控制系统，每隔 15 分钟滴水 0.5~1 分钟；冲洗淋浴降温，每天 11 时和 15 时给牛冲洗淋浴 2 次，忌用冷水突然喷淋牛头部；水浴降温，可在运动场上建水池，让牛自由洗浴降温。必须结合通风以水降温，否则，会造成高温高湿，适得其反。

（3）栏舍建设：选址布局合理，栏舍坐北朝南，最好呈阶梯式排列，间距在 9 米以上；增加场区绿化面积，改善场内小气候；减少水泥地面，以降低地面温度,此项措施夏天可降低牛舍温度 3~4℃，减轻热辐射 80%。采用开放式栏舍，牛舍屋顶、墙壁和牛栏地面采用隔热材料,如屋顶瓦下面铺垫泡沫,墙壁用空心砖,牛栏地面用绝缘水泥或漏缝地板。避免日光直射栏舍,在牛舍屋顶及两侧拉防晒网遮阳。

2. 调整日粮营养水平

(1) 提高哺乳带犊母牛的营养供给量:在高温环境下,喂给哺乳带犊母牛的精饲料,可添加 2%~5% 脂肪粉、2% 优质鱼粉、0.1%~0.2% 赖氨酸。同时,增加母牛产前精饲料供给量,每日每头 2~3 千克;哺乳期进一步增加母牛精饲料供给量,可达每日每头 5 千克以上。

(2) 空怀母牛实行短期优饲:对断奶母牛或配种前两周的后备母牛,实行哺乳期精饲料短期优饲,促进发情排卵,每头日喂量 2~2.5 千克。

(3) 控制妊娠母牛营养供给量:配种后的母牛,采用低能低蛋白质的妊娠母牛饲料,过多饲喂对早期胚胎发育不利,尤其是在高温季节。在母牛配种前 4 周,日喂量以 1.5~2 千克为宜,使母牛控制在中等体况。

(4) 提高牛的采食量:选用优质新鲜原料,湿拌料,水料比为 1∶1,可提高乳肉兼用牛采食量 10% 左右,但要现拌现喂,防止酸败变质。同时,多喂青绿多汁饲料,促进乳肉兼用牛生长。

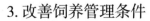

3. 改善饲养管理条件

（1）降低饲养密度：在夏季，乳肉兼用牛饲养密度降低 1/4 或 1/3，改善牛舍空气质量，减少热应激。尤其是妊娠母牛，若饲养密度过大，会因炎热烦躁打架而引起流产，所以最好单栏饲养。

（2）合理安排日常活动：牛群调动、出售、去势和疫苗注射等活动，一般应在早晚天气凉爽时进行，避免高温时牛长途调运。

（3）控制配种时间：最好避开炎热的 7—8 月配种，合理安排生产计划；同时，配种、采精在早晚凉爽时进行。

（4）控制分娩时间：母牛在高温时分娩时间较长，胎儿易窒息死亡。在预产期前两天清晨，给待产母牛注射氯前列烯醇 0.2 毫克 / 头，诱导母牛在清晨分娩，缩短产程，减少死胎。

（5）保持栏舍卫生：每天至少清理粪便 2~3 次，每周消毒 1 次，做好栏舍清洁卫生和灭蚊蝇工作。

（6）调整饲喂时间：在清晨和傍晚凉爽时喂料，做到早上早喂、晚上多喂、夜间不断料。随着气温变化逐渐调整喂料时间，不要突然改变。

（7）供应充足饮水：在饮水中添加 0.1%~0.2% 人工盐、电解多维或 0.5% 小苏打，调节牛体内电解质平衡，减少热应激。尽量使用深井水，水管不要暴晒，保证饮水充足清洁。

三、秋季饲养管理技术

秋季凉爽气候对乳肉兼用牛生产有利，要采取有效饲养管理措施，实现乳肉兼用牛的高产。

（1）搭好棚：初秋气温高，选四周通风的高地搭一个遮阳棚，避免牛暴晒。待气温下降、棚内不适宜牛生活时，再舍饲。

（2）降好温：初秋高温时给牛泼水或喷淋，可降低体温0.5℃左右。当牛刚从烈日下进入牛舍，不宜马上泼水降温，以免牛突然遇冷刺激而引起毛孔收缩、闭汗发病。

（3）熏好烟：秋季蚊虫活动猖獗，日夜骚扰牛。白天牛虻喜在阳光下活动，叮咬牛体，应把牛拴在牛栏内或阴凉处；傍晚看准风向，在拴牛处的上风头，用辣蓼草、黄荆子、艾蒿等，加干草、锯木屑点火熏烟。熏烟处要与牛体保持一定距离。拴牛绳要适当留长一些，方便牛甩头摆尾驱赶蚊虫。

四、冬季饲养管理技术

冬季乳肉兼用牛一直处在消耗饲料状态，饲料利用率、出栏率都很低。在没有保温措施的情况下，乳肉兼用牛经过一个冬季会掉膘25%~30%。为搞好冬季乳肉兼用牛生产，要采取以下技术措施。

（1）牛舍防漏保温：牛舍应保温性能好，不漏雨、不透风。牛舍内地面不潮湿、清洁卫生，冬季舍温保持在 10~18℃。

（2）通风换气：由于冬季牛舍封闭严密，舍内外温差大，加之牛呼吸散热、排泄粪尿等原因，造成舍内湿度大，氨、二氧化碳、硫化氢等有害气体含量高，都会影响牛的正常生长发育。因此，牛舍要定期进行通风换气。

（3）保持牛舍卫生：及时清除牛粪，及时打扫牛舍及饲槽。每天喂完牛后要及时扫净饲槽。牛舍每个月消毒 1 次，用 1% 氢氧化钠溶液喷雾牛舍地面和墙壁，若氨味过浓则用过氧乙酸消毒。牛舍门口用白灰消毒。

（4）科学饲喂：日粮是育肥牛增膘长肉的物质基础，应精饲料、粗饲料和青绿饲料合理搭配。每天早、中、晚各喂饲料 1 次。精饲料要少添、勤添，每次牛采食 1~1.5 小时为宜，不要使牛吃得过饱，保持牛旺盛的食欲，以提高饲料利用率。

（5）供足饮水：冬季牛以吃干草料为主，要供给充足饮水。饮水不足，不但会影响牛采食，也会影响牛对饲料的消化和利用，还会导致牛的被毛、皮肤干燥，精神不振。牛采食后 1 小时，供应清洁卫生的

20℃温水，每日饮水 2 次。

（6）多晒太阳：晴天把牛牵出舍外晒太阳，同时刷拭牛体，既可预防皮肤病和寄生虫病，又可以促进血液循环，增强牛对寒冷的抵抗力，对牛增膘极为有利。

第五章

乳肉兼用牛挤奶技术

采用正确的挤奶方式和方法，加上熟练的挤奶技术，可以充分发挥乳肉兼用牛的产奶性能和预防乳房炎。乳肉兼用牛与荷斯坦牛相比，乳头短小，乳头孔窄，乳头括约肌紧张度高，排乳反射潜伏期长，受不良条件刺激易产生排乳抑制。因此，在同样的饲养管理条件下，挤奶技术好坏对牛泌乳量和乳房炎的发病率影响很大。挤奶技术有手工挤奶和机械挤奶两种。

第一节　挤奶总体要求

挤奶看似简单，但在实际操作过程中存在很多问题，挤奶操作好坏直接关系牛的健康、泌乳量、牛奶质量，以及牛场的经济效益。因此，应提高挤奶员的操作水平。

一、制定和实施挤奶技术规程

按照挤奶规程进行标准化操作，建立一套行之有效的检查、考核和奖惩制度。

二、加强对挤奶员的培训

挤奶员不仅要掌握熟练的手工挤奶技术和机械挤奶的正确操作，还要学习牛的行为学、泌乳生理学和奶牛的饲养管理，以便发现异常情况并及时处理。

三、建立融洽的挤奶关系

保持奶牛和挤奶环境的清洁卫生。挤奶环境保持安静，避免奶牛受惊；挤奶员要与牛亲和，严禁粗暴对待牛。

四、合理确定挤奶次数和间隔时间

在确定了挤奶次数和间隔时间后，不要轻易改变，以免影响泌乳量。产犊后 5~7 天的母牛和患乳房炎的母牛，一般提倡用手工挤奶，不采用机械挤奶，避免过度挤奶或挤奶不足。过度挤奶会使挤奶时间延长，还易导致乳房疲劳，影响排乳速度；挤奶不足，会使乳房中余乳过多，影响泌乳量，易患乳房炎。

奶牛挤奶后保持站立 1 小时，可以防止乳头过早与地面接触，使乳头括约肌完全收缩，降低乳房炎的发病率。奶牛挤奶后需供给新鲜饲料。

第二节　手工挤奶技术

手工挤奶程序为：准备工作—挤奶—药浴—清洗用具。

一、手工挤奶的方式与方法

1. 手工挤奶的方式

（1）直线挤奶：先挤两前乳头，再挤两后乳头，这是生产中常采用的方式。

（2）一侧挤奶：先挤右侧两乳头，再挤左侧两乳头。

（3）交叉挤奶：先同时挤右侧前乳头和左侧后乳头，然后再挤左侧前乳头和右侧后乳头，交替进行，这种挤奶方式效果最好。

（4）单乳头挤奶：依次单独给每个乳头挤奶，奶牛患有乳房炎、乳头括约肌高度紧张和最后清乳时，常用此方式。

2. 手工挤奶的方法

（1）压榨法（拳握法）：用手把乳头握住，拇指和食指握在乳头基部，中指、无名指和小指压榨乳头，把奶挤出来，如此反复进行，直至将奶挤干净。

（2）滑指法：用拇指和食指夹住奶头基部，自上而下滑动将奶挤出。

二、挤奶准备

将所有的用具和设备洗净、消毒，集中在一起备用。挤奶员要剪短并磨圆指甲，穿好工作服，用肥皂洗净双手。将躺卧的奶牛温和地赶起，清除牛床后 1/3 处的垫草和粪便。拴牛尾，将乳房上过长的毛剪掉。用温水将奶牛后躯、腹部清洗干净，准备好挤奶桶、滤奶杯、乳房炎诊断盘和诊断试剂、给药杯、干净毛巾，以及盛有 50℃温水的水桶等。再次洗净双手，用 50℃温水清洁乳房。先用湿毛巾依次擦洗乳头孔、乳头和乳房，再用干毛巾自下而上擦净乳房的每一个部位。每头牛都应备有专用的毛巾和水桶，以防止交叉感染。立即进行乳房按摩，双手掐住左侧乳房，双手拇指放在乳房外侧，其余手指放在乳房中沟，自下而上和自上而下按摩 2~3 次。以同样方法按摩对侧乳房，开始挤奶。

三、挤奶操作

将每个乳区的头两把奶挤入带面网的专用滤奶杯中，观察是否有凝块。同时，触摸乳房，感知是否有红肿、热痛等，以排除乳房炎。检查时，严禁将头两把奶挤到牛床或挤奶员手上，以防止交叉感染。患病牛要及时隔离饲喂，积极治疗。对于检查确定健康的奶牛，挤奶员坐在牛一侧后 1/3~2/3 处，两腿夹住奶桶，开始挤奶。最常用压榨法，该法具有不损伤乳头、挤奶速度快、省力方便等优点。压榨法的要点是用全部手指头握住乳头，先用拇指和食指握紧乳头基部，防止乳汁倒流；然后用中指、无名指、小指自上而下压榨乳头，挤出牛奶。挤奶频率以每分钟 80~120 次为宜。

四、乳房药浴

挤完奶后立即用浴液浸泡乳头，可以显著降低乳房炎的发病率。这是因为挤完奶后，乳头需要 15~20 分钟才能完全闭合，病原微生物易侵入，导致乳房感染。常用浴液有碘甘油、2%~3% 次氯酸钠或 0.3% 新洁尔灭等。

五、清洗用具

挤完奶后，及时将所有用过的用具洗净、消毒，放置于干燥清洁处保存。

六、手工挤奶时注意事项

挤奶员要端正坐姿，采用正确的挤奶方式和方法，以免疲劳，特别是两手臂的疲劳。

在 8~10 分钟挤完奶，不要中途停顿。因为时间一长就会出现排乳抑制现象，有奶挤不出，使产奶量降低。

每个奶头的第一、二把奶应挤在"检奶杯"上，注意观察乳汁有无异常，检查是否有乳房炎或其他问题。

不能随意更改挤奶时间、顺序和更换挤奶员，以免破坏奶牛建立的条件反射。

挤奶环境要安静，禁止喧哗，禁止发出嘈杂声音。禁止陌生人站在挤奶牛附近，以免挤奶牛不安或受惊吓，造成排乳抑制现象。

挤奶员要与牛培养感情，加强亲和力，要善待牛只、态度温和，禁止鞭打和恐吓，以免牛养成恶癖。对初产母牛更应如此。

初产母牛须调教，强调乳房按摩，建立泌乳条件反射。对训练仍不放奶的牛可注射少量催产素（5~10国际单位 / 次），强迫排乳，但应尽量少用。

对每头牛所产的奶分别称重和记录；牛奶要用多层纱布盖住奶桶过滤，以减少污染，预防牛奶变质，并迅速将牛奶冷却，保证质量。

要求挤奶员身体健康，无传染病，定期体检。

第三节 机械挤奶技术

机械挤奶程序为：挤奶前检查—乳头药浴—擦干

乳头—套奶杯—奶输出。

一、挤奶前准备

（1）保证挤奶厅、待挤奶牛、牛床的清洁卫生。

（2）用 40℃温水彻底清洗挤奶系统，以清除滋生的细菌和管道中残留的奶垢。然后打开过滤器旁的排污阀，水全部排完后关闭。打开过滤器，安装过滤纸。检查挤奶机的真空度和脉冲频率是否符合要求，一般挤奶机的真空压为 40~44 千帕，脉动频率为 55~62 次 / 分。

（3）挤奶前检查或触摸乳房，是否有红肿和热痛症状或创伤，若有异常应做详细记录。对牛奶异常的牛立即隔离饲养并进行治疗。前几把挤出的奶收集到专用容器内，不要挤在挤奶台或牛床上，以免滋生细菌。对于牛奶正常的牛清洗干净再进行药浴，用干毛巾擦净乳头上的药浴液。干毛巾专头专用，以免交叉感染。用过的毛巾在挤奶完毕后集中起来，用消毒液浸泡，再用洗衣机彻底洗净，晾干后放置在消毒柜中。

（4）乳头药浴 20~30 秒，用纸巾擦干，按摩乳房 40~60 秒。将奶杯套在乳头上，采用"S"形套杯法，操作要快要准，以防空气进入系统内，造成牛奶污染。在挤奶过程中挤奶员要集中精力，以免发生过挤或人为地按压挤奶杯组，损伤乳头及乳组织，使奶牛感觉疼痛或引起血乳，这也是导致乳房炎的直接原因。每次挤奶后，牛乳房内残留的200毫升乳汁不会造成任何不良影响，也不会影响下次的产奶量。

二、挤奶操作

整个机械挤奶过程由机器自动完成，不需要挤奶员参与。完成一次挤奶需4~5分钟。挤奶员应密切注意挤奶过程，及时调整不合适的挤奶杯。在挤奶过程中，可能会出现挤奶杯脱落、挤奶杯向乳头基部爬升等现象，易导致乳房损伤。使用挤奶杯自动脱落的机械时，在挤奶杯脱落后立即擦干乳头残留的乳汁，进行药浴。使用挤奶杯不能自动脱落的挤奶机时，在挤奶快要完成时用手向下按摩乳区，帮助挤干乳汁。待下乳最慢的乳区挤干后，关闭集乳器真空2~3秒，卸下挤奶杯。

三、挤奶后的工作

泌乳牛挤完奶后，立即进行乳头药浴。对挤奶系统进行彻底清洗，用35~40℃温水预清洗，直接排出，直到水清为止，用65~85℃热水循环清洗，加清洗剂（酸性/碱性），循环清洗8~15分钟，排出的清洗液温度不得低于40℃；再用清水冲洗，直到排出的水变清为止。

第四节　鲜奶的冷却、贮存和运输

一、鲜奶贮运容器

用冷藏罐贮存生鲜牛奶，保温隔热、防腐蚀、便于清洗，符合生鲜牛奶质量安全要求。

二、鲜奶冷却

刚挤的鲜奶温度为36℃左右，如果不及时冷却，易滋生细菌而变质。因此，刚挤出的生鲜牛奶应冷却到4℃以下，再保存、贮运。

三、鲜奶贮存时间

生鲜牛奶在冷藏罐内不得超过48小时，低于6℃。

四、鲜奶运输

运输生鲜牛奶的人员必须定期体检，获得县级以上医疗机构的身体健康证明。生鲜牛奶运输车辆必须获得所在地畜牧兽医部门核发的生鲜牛奶准运证明，具备保温或制冷型奶罐。尽量把生鲜牛奶装满奶罐，避免运输途中生鲜牛奶振荡，与空气接触发生氧化反应。严禁在运输途中向奶罐内加入任何物质。保持运输车辆的清洁卫生。

牛场建设

第一节 牛场选址与规划布局

一、选址要素

牛场选址要科学合理，收集和分析当地的地形地势、水源、土壤等自然环境信息；调查居民点、交通运输、动力、劳动力等情况；立足当前、着眼长远、量力而行，避免牛场建成后再动迁、改建和重建。

1. 自然环境条件

（1）地形：地形要开阔整齐，以免影响建筑物布局；避免地形狭长，导致饲养路线延长；避免地形边角多，难以机械化作业，有效利用面积少和防疫难度大。牛场内地面平坦，坡度以 2%~5% 为好，最大不过 25%。地面坡度过大，暴雨时水流大，牛不安全；

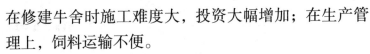

在修建牛舍时施工难度大，投资大幅增加；在生产管理上，饲料运输不便。

（2）地势：牛场选址要高出当地历史洪水线以上，地下水位在2米以下。地势高燥可保证牛场排水良好，空气干燥和温暖，降低牛的发病率。但牛场不宜选址在山顶，因山顶上冬季风速过大，会影响牛舍保温。在山区，牛舍应建在背风向阳面，牛能经常晒太阳，促进钙、磷代谢，保证骨骼的正常生长发育。

（3）水源：牛场选址要有充足、良好水源，以井水、泉水为好。对水源进行物理、化学及生物学分析，特别是水中的微量元素成分与含量，以确保人畜安全和健康。

（4）土壤：牛场要建在土质坚实、透水透气性好的沙质土壤上。禁止建在被有机物污染，含病原菌、寄生虫的土壤上，防止对牛的健康、生产造成不利影响。

2.社会环境条件

牛场选址要考虑社会环境条件，如与居民点的距离、交通运输状况、电力供应情况和远离污染单位等。

（1）与居民点的距离：牛场是污染源，应建在居民点下风处，远离居民点污水排出口，更不应选址在化工厂、屠宰场、制革厂等下风处。小规模牛场与居民点的距离要在 200 米以上，大规模牛场与居民点的距离应在 1 500 米以上。

（2）交通运输状况：牛场的运输量大、来往频繁，因此应距离公路或铁路较近、交通方便。考虑到防疫需要，牛场应距离主要交通干线 300 米以上。若牛场有围墙，则距离主要交通干线 100 米以上即可。

（3）电力供应情况：由于在牛场内需要加工饲草饲料、自动供水和机械除粪等，因此，要保障良好的电力供应条件。

（4）远离污染单位：牛场周围地区应无污染单位，并具有处理废弃物的条件。

3. 资源资金和基本条件

（1）草料来源：饲草饲料是养牛的物质基础，要充分考察养牛所在地的饲草资源，就近解决饲草问题，靠长途运输、高价购草来养牛得不偿失。在条件允许下，若能拿出适当的耕地进行粮草间作、轮作，解决青绿饲料供应问题，对乳肉兼用牛生产将更加有利。

（2）资金来源：乳肉兼用牛生产所需资金较大，尤其是短期育肥时购买育成牛需要的流动资金更大，养殖者应根据资金情况来确定养牛规模。资金雄厚者，规模可大些；资金薄弱者，宜小规模起步，滚动发展。

（3）技术条件：规模饲养乳肉兼用牛投入资金较

大，要具备一定的养殖技术条件。如了解乳肉兼用牛的生长发育规律和生理特点，掌握乳肉兼用牛规模化、标准化生产技术，应用新的产业技术成果，以最大限度地降低生产成本，提高养殖效益。

（4）牛的来源：乳肉兼用牛具有抗病力强、耐粗饲、增重快、肉质好、饲料转化率高等优点，可选择。

（5）经营管理水平：养殖乳肉兼用牛可由小规模起步，总结出成熟的管理经验后，再扩大饲养规模。

二、牛场的功能分区

按照功能和作用，牛场主要分为生活区、生产管理区、生产区、粪便处理区。根据地势和主风方向进行合理分区，不同区间建立最佳生产联系和环境卫生防疫条件（图6-1）。

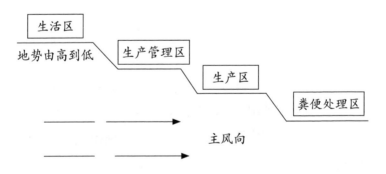

图6-1　根据地势、风向配置进行牛场分区

1. 生活区：该区处于全场上风和地势较高处，不受牛场产生的不良气味、噪声、粪便和污水的影响。

2. 生产管理区：规划生产管理区，应有效利用道路和输电线路条件，充分考虑饲料和生产资料的供应、产品销售等。为防止疫病传播，严禁场外运输车辆进入生产管理区，场内车库设在生产管理区。生产管理区与饲养生产区应隔离，外来人员只能在生产管理区活动，不得进入饲养生产区。

3. 生产区：该区是牛场的核心，若是单一或专业化生产，饲料、牛舍及附属设施也就比较单一。根据乳肉兼用牛的生理特点，进行合群、分舍饲养，并按群设置运动场。饲料的供应、贮存、加工调制，必须合理配置设施和建筑物。与饲料运输有关的建筑物，建在地势较高处，保证防疫卫生安全。

4. 粪便处理区：该区应避开生产区和生活区，设置在牛场的地势最低处和下风处，最好有粪便无害化处理设施。

三、牛场内主要设施与建筑物布局

牛场各区是由不同功能和作用的设施及建筑物构成的。为了最大限度提高各区的效能，有利于通风、采光、防疫和机械化作业，要进行科学合理布局。

1. 布局类型

牛场内主要建筑物布局分为紧密型和疏散型。

（1）紧密型布局：牛场内各牛舍、牛舍与其他建筑物间距较小，如牛舍两栋间只设运动场，无走道。这种布局牛舍密集紧凑，占地面积小，设备投资较小。

（2）疏散型布局：牛场内牛舍间距较大，两栋间除设运动场外，还有道路或隔离绿化带。这种布局通风、防疫较好，但占地面积较大、投资大。

2. 选定共用设施位置

按照牛场生产要求，兼顾地势、风向和防疫间距等条件，合理选定共用设施的位置。

（1）场界与区界：牛场分界明确，四周应建有较高的围墙或防疫沟，沟内放水，以防止场外人员及动物进入场区，防止疫病传播。场内各区间应设置围墙或小型防疫沟，种植防护林带。在牛场大门和各区入口处设置消毒设施，如车辆消毒池和人的脚踏消毒槽等。

（2）牛场供排水系统：牛场的供水量，可根据人员用水量、牛用水量及供水方式来确定。人员的生活用水量，按每人每日 20~40 升计。牛用水量以保证用水为标准，按单位时间内最大水消耗量计。按照不同的供水方式确定供水量，分散式给水是指各用水点分散，从井、河、湖、塘等水源地直接取水；集中式给水就是使用自来水。牛场排水是将废弃液和雨污水等排到场外，牛场内排水系统多设置在道路两旁及运动场周围。采用斜坡式方形明沟，最深处 30 厘米，沟底有 1%~2% 的坡度，上口宽 30~60 厘米；暗沟排水长度超过 200 米，应增设沉淀井，沉淀井距水源至少 200 米以上。

（3）牛场贮粪设施：牛场粪尿分离时，粪呈固态贮存。贮粪场应设置在生产区下风向，与生活区保持 200 米以上距离，与牛舍保持 100 米距离。一般贮粪池深 1 米、宽 9~10 米、长 30~50 米，每头牛所需贮粪池面积为 2.5 米^2（按贮放牛粪 6 个月堆高 1.5 米计）。粪尿不分离时，按每天每头牛 0.07~0.08 米^3 的排泄量，计算粪水池的容积。粪尿池要远离牛舍 60~90 米，距离生活区 150 米以上。粪污沉淀池应大而浅。粪尿在池内静置，可使 50%~85% 的固形物沉淀，水深不小于 0.6 米，最大深度不超过 1.2 米。粪污氧化池通过往粪水中充入空气供氧，促进好气菌繁殖，进而分解有机固形物，进行粪便无害化处理。尽量不使固形物沉淀，因此在水池中粪尿的流速必须保持在 0.45~0.60 米 / 秒。

（4）牛场道路：牛场内道路要短而直，以保证最短的运输、供电、供水路线，减少投资。主干道宽 5.5~6.5 米，与场外运输道路相连；支干道宽为

2.0~3.5 米，与牛舍、饲料库、产品库、兽医建筑物、贮粪场等连接。要求路面坚实，排水良好（有一定弧度）。道路设备不妨碍场内排水，道路两侧设有排水沟。场内要净道（运输饲料、畜产品的道路）与污道（运送粪便的道路）分开，避免交叉使用。

3. 主要建筑物的布局

牛场内主要建筑物，包括职工宿舍、食堂、办公室、牛舍、饲料库与饲料加工车间、青贮窖（池）、干草棚或草库、贮粪场、兽医室隔离牛舍及观察室等。

（1）职工宿舍、食堂和办公室：尽量设在牛场大门口或场外，以防止外来人员进入牛场。

（2）牛舍：牛舍安排在生产区的中心位置，既缩短运输路线，又便于饲养管理。牛舍坐北向南，采用长轴平行整齐排列，前后对齐，牛舍间距10米以上。牛舍内设有牛床、饲槽、值班室、饲料室。牛舍前有运动场，用栏杆围封。如果是拴系式饲养，运动场可以不用栏杆封围，固定好拴系桩，间距3米。运动场边设有饮水槽、凉棚和补饲槽。牛舍四周和道路两旁植树种草，可改变牛场环境小气候。牛舍位置，根据全场布局和当地的主要风向而定，避免冬季寒风侵袭，保证夏季凉爽。一般牛舍在与主风向平行的下风向。建牛舍北方要注意冬季防寒保暖，南方注意防暑和防潮。为此，北方牛舍纵轴为南北向，南方气温较高的地区可以东西向。三面有墙的单列牛舍，通常纵轴也为东西向或偏东方向。背墙向北，以阻挡冬春季的北风或西北风。确定牛舍方位时还要注意自然采光，让牛舍能有充足的阳光照射。北方建牛舍应坐北向南或是坐西向东，要依据地势和主风向等因素而定。

（3）饲料库与饲料加工车间：饲料库要靠近饲料加工车间，且距离牛舍近一些，位置适中一些，车辆可以直接到达饲料库门口，取用饲料方便。饲料加工车间应设在距牛舍30米以外，在牛场边上靠近公路，避免噪声影响并减少粉尘污染。在围墙另开一侧门，方便原料运入。库房应宽敞、干燥、通风良好。室内地面高出室外30~50厘米，以水泥地面为宜，下衬垫防水层。房顶要具有良好的隔热、防水性能，窗户要高，门、窗和屋顶均能防鼠、防雀；库内墙壁、顶棚和地面要便于清扫和消毒；整体建筑注意防火等。一般饲料库和加工车间都建在地势较高的地方，以防止污水渗入而污染草料。

（4）青贮窖（池）：青贮窖（池）可设在牛舍附近，便于取用。青贮窖（池）必须坚固耐用，防止牛舍和运动场的污水及阴雨天积水渗（流）入窖内，造成饲草污染或青贮窖坍塌。有条件的牛场可在青贮窖上方搭建防雨棚。青贮窖（池）容积根据牛群规模而定，保证青贮饲料满足牛一年的饲喂量。青贮建筑物容积大小可估算出来，一般青贮窖（池）每立方米容积可装青贮饲料 500~600 千克。每头育肥牛每天平均饲喂量 15~20 千克。

（5）干草棚或草库：干草棚或草库容量按养牛规模而定，可提供全场牛 2 个月的干草量。草库高 5~6 米，窗户距地面 4 米以上，用切草机切草，从窗户喷入库内。草库设防火门，墙外设消防用具，草库距下风向的建筑物应不少于 50 米。

（6）贮粪场：贮粪场应设在牛舍下风向，地势低洼处。

（7）兽医室、隔离牛舍及观察室：兽医室和隔离牛舍要建在牛舍 200 米外。有条件的牛场，可在牛场的边缘地带建观察牛舍，以供饲养人员观察新购入牛的喂养情况。病牛在观察室中治疗、恢复，痊愈后方可回群。

四、景观规划与设计

牛场景观建设和植树种草，具有调控小环境气候的作用。树木和草的蒸腾作用和光合作用，能降低环境温度，减少太阳辐射；树木和草吸收二氧化碳、制造氧气，吸收有害气体和吸附尘粒，能净化空气和防风防沙，还有杀菌、防噪声等作用。

1.景观规划设计要求

（1）开始规划设计乳肉兼用牛场景观前，要充分调查牛场周边的自然条件，牛场生产性质、规模、污染状况等。从保护环境、有利于生产和提升牛场形象出发，合理规划设计乳肉兼用牛场的景观。

（2）景观规划设计应纳入牛场建设总体规划，统一安排、统一布局，有长远和近期规划，与全场的分期建设协调一致。

（3）景观规划设计布局要保证牛的安全生产，不能影响牛场地下、地上管线，以及牛舍的采光、通风等。

（4）选择与各功能区地形、土壤条件等相适宜的苗木品种。除考虑满足景观设计功能、易生长、抗病害等因素外，还要考虑是否具有较强的抗污染和净化空气功能。结合牛场生产种植经济植物，以充分合理地利用土地，提高全场的经济效益。

2.牛场景观分区

（1）牛场外周林带：在场界周边种植乔木、灌木混合林带或水果类植物带。乔木类可选择大叶杨、钻天杨、白杨、柳树、洋槐、国槐、泡桐、榆树及常绿针叶树等；灌木类可选择河柳、紫穗槐、侧柏等；水果类可选择苹果、葡萄、梨、桃等。特别是在场界的北、西两侧，种植混合林带宽度可在 10 米以上，可起到防风阻沙的作用。

（2）场内植物隔离带：牛场内生产区、生活区和生产管理区的四周，都应设置隔离苗木带。一般可选种小叶杨树、松树、榆树、丁香等，或陈刺、黄刺梅、红玫瑰、野蔷薇、花椒等，以起到防疫、隔离、安全等作用。对生活区、生产管理区、生产区和粪便处理区，除用围墙隔离外，还可在围墙两侧种植乔木、灌木、草三层绿化隔离带。

（3）场内道路绿化：道路两侧宜采用乔木、灌木搭配种植、以乔木为主的绿化方式，选种塔柏、冬青、侧柏等四季常青树种，并配置小叶女贞。种植银杏、杜仲、牡丹、金银花等，既可起到绿化观赏作用，又能收获药材。在场区车道和人行道两侧，选择树干直立、树冠适中的树种，种植 1~2 排，在树下种植小灌木或草坪草，以减少路面太阳辐射热，同时美化环境。

（4）运动场遮阳：在运动场南侧和东西两侧围栏外种植 1~2 排遮阳林。一般可选择杨树、槐树、法国梧桐等，枝叶开阔，生长势强，冬季落叶后枝条稀少，运动场有较多的树阴供牛休息。

（5）牛舍和库房周边绿化：园林植物有净化空气、杀菌、减噪等作用，在牛舍和库房周边可种植对有害气体抗性较强和吸附粉尘的苗木品种。宜种植低矮的花卉或草坪，以利于通风，便于有害气体扩散。

（6）生产管理区和生活区绿化：生产管理区和生

活区宜种植榕树、构树、大叶黄杨、臭椿及波斯菊、紫茉莉、牵牛、美人蕉、葱兰、石蒜、黑麦草、羊茅等，色彩丰富，易繁殖栽培。

第二节　牛舍的设计与建造

一、牛舍设计总体要求

牛舍设计与建造的总体要求，就是要为牛创造适宜的生活环境，保障牛的健康和生产。原则是投资少、省草料、省能源和省劳力，获得较高的产出和养殖收益。

1. 牛舍设计要求

牛舍是生物技术与工程技术相结合的产物，在建筑形式、结构方面与其他畜舍存在差异。

（1）牛舍平面：一般牛舍设计成单层矩形平面，舍内牛栏与牛舍长轴平行排列。种牛舍牛栏两列，中间为饲喂走道，两侧靠纵墙各留一条供牛进出牛栏的通道；生长牛和育肥牛的牛舍则只设中央一条通道，饲喂和赶牛共用，以最大限度利用牛舍面积。各类牛舍两端及中间分别留有横向通道，便于管理操作和保持牛栏内环境一致。根据牛舍跨度，也可把牛栏设计成沿牛舍长轴单列或多列排布。分娩哺乳舍或断奶犊

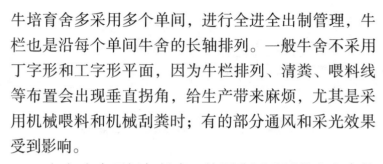

牛培育舍多采用多个单间，进行全进全出制管理，牛栏也是沿每个单间牛舍的长轴排列。一般牛舍不采用丁字形和工字形平面，因为牛栏排列、清粪、喂料线等布置会出现垂直拐角，给生产带来麻烦，尤其是采用机械喂料和机械刮粪时；有的部分通风和采光效果受到影响。

（2）牛舍开间与长度：按照我国通用的牛舍参数设计，牛舍开间大小可根据选用的建筑构件来设计，这样便于施工、节约材料。砖混结构牛舍开间多控制在 3.0~4.5 米，如开间小于 3 米，则需配的梁柱过密，造成浪费；如开间大于 4.5 米，所配用的梁柱又过于粗大，既不经济、不美观，又造成空间压抑感。牛舍纵向总长度设计，要符合生产工艺和场区总平面布置的要求，并按开间的整倍数确定，一般控制在 45~75 米。牛舍长度还要考虑与机械设备配套。

（3）牛舍跨度：一般牛舍跨度为 9~15 米，跨度过小会相对增加单位面积投资成本，跨度过大会降低自然通风和采光效果。采用机械通风的牛舍跨度可加大到 18 米以上，但跨度过大同样会增加梁柱等构件的造价。

2. 牛舍建造要求

（1）创造牛适宜的环境：牛舍必须符合牛对温度、湿度、通风、光照、空气质量等的要求。不适宜的牛舍环境，会使牛生产性能下降 10%~30%。

（2）符合牛生产工艺需要：建造牛舍要保证与生产工艺相衔接，如草料运送、饲喂、饮水、清粪等环节，考虑体尺测量、称重、采精、输精、疫病防治、生产护理等技术措施。

（3）符合牛卫生防疫要求：建造牛舍，要有利于防疫。如确定牛舍朝向和间距，安装必要的防疫和消毒设备等。

（4）做到节本增效：建造牛舍要尽量降低工程造价和设备投资，加快资金周转，提高资金的利用效率。牛舍要尽量采用自然通风和自然光照，尽量做到就地取材。

3. 牛舍位置的选定

牛舍位置，不仅要符合牛场的整体规划，而且要考虑采光、通风、保温和除湿等因素。

（1）牛舍朝向与方位：要选建南向牛舍，冬暖夏凉。牛舍朝向还与通风有关，我国地理位置处于亚洲东南季风区，夏季盛行东南风，冬季多东北风或西北风，因此牛舍朝南有利于夏季通风，冬季防止寒风侵袭。一般牛舍南偏东 15°~30° 较为适宜，尽量避免偏西朝向。

（2）牛舍排列方式：牛舍配置要紧凑，以保证最短的运输、供电、供水线路，实施机械化饲养。牛舍一行排列时，需饲料最多的牛舍在中央，并靠近饲料

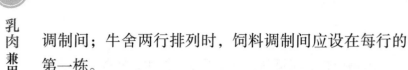

调制间；牛舍两行排列时，饲料调制间应设在每行的第一栋。

（3）牛舍间距：

①保证采光：为保证各栋牛舍在冬季能获得充足阳光，牛舍间距要依据冬至日太阳高度角而定。一般牛舍间距应为舍高的 1.5~2 倍。

②保证通风：采用机械通风的牛舍间距为舍高的 1.0~1.5 倍；采用自然通风的牛舍长轴垂直于夏季主风向，可提高后排牛舍的通风效果。

③保证卫生防疫：综合防火、防疫、通风、采光等因素，确定牛舍的防疫间距。为保证冬季采光，要求牛舍与其相邻建筑物或树木间的距离不能小于建筑物或树木高度的 2 倍，因此牛舍卫生防疫间距不少于20 米。

（4）运动场：牛舍外运动场应选在背风向阳处。运动场要平坦，稍有坡度，以利于排水与保持干燥，四周设置围栏。在运动场的一侧种植树木，围栏外侧设排水沟。

二、牛舍小环境气候的营造

犊牛怕冷，成年牛怕热，但都不耐潮湿，牛舍设计要营造使牛感到舒适的小气候环境。牛舍内的各个环境因素都是互相影响、相互制约的。例如，为了冬季保温而门窗紧闭，造成空气污浊；夏季对牛体和牛圈冲水可以降温，但增加了舍内的湿度。由此可见，调节牛舍内的小气候环境必须进行综合考虑。

1. 气温的影响

乳肉兼用牛对气温高低非常敏感。犊牛怕冷，低温危害大。若犊牛裸露在 –5℃环境中 2 小时，便会冻僵、冻昏，甚至冻死。成年牛长时间处于 –10℃环境下，会冻得浑身发抖，导致身体瘦弱，饲料转化率降低。成年牛耐热性能较差，当气温高于 28℃时可能出现气喘现象；若超过 30℃，采食量会明显下降，饲料转化率降低，生长速度缓慢。当气温高于 35℃，又不采取任何降温措施，会造成乳肉兼用牛中暑，妊娠母牛流产，公牛的性欲下降、精液品质不良。

乳肉兼用牛舍内气温高低取决于热源及散失的程度。在无取暖设备条件下，热源主要来自牛体散发和日光照射，热量散失与牛舍的结构、建材、通风设备和管理因素等有关。在冬季牛舍内应添加增温和保温设施。在夏季采取防暑降温措施，如加大通风量，给牛淋浴，降低牛只密度，以减少舍内的热源，保证乳肉兼用牛的生产性能。

2. 湿度的影响

湿度是指舍内空气中的含水量，一般用相对湿度表示。牛舍气温 15~25℃、相对湿度 50%~80% 时，乳肉兼用牛生长速度快，育肥效果好。牛舍内湿度过高，会影响乳肉兼用牛的新陈代谢和生长速度。为了防止牛舍湿度过高，要采取措施减少牛舍内水汽的来源。例如，少用或不用大量水冲刷牛舍；保持地面平整，避免积水；设置通风设备，经常开启门窗等。

3. 空气的净化

规模化乳肉兼用牛场由于牛只饲养密度大，牛舍容积相对较小而密闭，蓄积了大量二氧化碳、氨、硫化氢等有害气体。牛舍内有害气体的最大允许值为，二氧化碳 3 000 毫克 / 升，氨 30 毫克 / 升，硫化氢 20 毫克 / 升。有害气体含量超标往往发生在寒冷季节，由牛舍门窗紧闭所致。乳肉兼用牛长时间饲养在这种环境中，易感染呼吸道疾病，表现食欲下降、生产性能降低等。

规模化牛场的牛舍在任何季节都需要通风换气。全封闭式牛舍全依靠排风扇换气，以减少有害气体含量。非封闭式牛舍要做到通风换气，以开阳面窗和通风口为主。生产中还要搞好牛舍内的卫生管理，及时清除粪便、污水。特别是冬季，要保持牛舍清洁干燥，减少有害气体产生。当严寒季节保温与通风产生矛盾时，可向牛舍内定时喷雾过氧化氢类消毒剂，利用其释放出的氧，氧化硫化氢和氨，起到杀菌、降臭、降尘、净化空气的作用。

4. 保证适当光照

适当光照可促进乳肉兼用牛的新陈代谢，加速骨骼生长并杀菌消毒，也可诱导母牛发情。在冬季阳光照射对乳肉兼用牛能起到保健作用；在夏季要避免阳光直射，防止牛的日射病和中暑。

三、牛舍的类型和特点

国内常见牛舍种类有拴系式和围栏式两大类。

1. 拴系式牛舍

（1）拴系式牛舍的特点：拴系式牛舍也称常规牛舍，每头牛都用链绳或牛枷固定在食槽或栏杆上，限制活动。每头牛都有固定的槽位和牛床，互不干扰，便于饲喂和个体观察。拴系式牛舍适合当前农村的饲养模式和饲养水平，能很好地解决牛舍通风、光照、卫生等问题，值得推广。

（2）拴系式牛舍类型：

①按照环境控制方式，拴系式牛舍可分为封闭式、半开放式、开放式和棚舍式。封闭式牛舍四面都有墙；半开放式牛舍，三面有墙，一面为半截墙；开放式牛舍是三面有墙，向阳面敞开；棚舍式牛舍是四面周无墙。封闭式牛舍门窗可以启闭，有利于冬季保温，适合北方寒冷地区采用。半开放式、开放式和棚舍式牛舍有利于夏季防暑，造价较低，适合南方温暖地区采用。

半开放式和开放式牛舍，在冬季寒冷时，可以将敞开部分用塑料薄膜遮拦成封闭状态，气候转暖时可把塑料薄膜收起，从而达到夏季通风、冬季保温的目的，使牛场的环境小气候得到改善。

②按照牛舍跨度大小和牛床排列形式，拴系式牛舍可分为单列式和双列式。单列式牛舍只有一排牛床，跨度小，一般 5~6 米，易于建造，通风良好，但散热面大，适合小型牛场采用。双列式牛舍有两排牛床，分左右两个单元，跨度 10~12 米，能满足自然通风的要求。双列式牛舍可分为对头式和对尾式两种。在乳肉兼用牛饲养中，以对头式应用较多，饲喂方便，便于机械操作，缺点是清粪不方便。

（3）拴系式牛舍的设计与建造：养牛规模 50 头以下，可修建单列式牛舍；养牛规模 50 头以上，可修建双列式牛舍。对头双列式牛舍中央留饲道，宽 1.5~2.0 米。两侧依次为食槽、牛床、清粪道；两侧粪道设有排尿沟，微向暗沟倾斜，倾斜度为 1%~5%，以利于排水。暗沟通达舍外贮粪池。贮粪池离牛舍约 5 米，池容积为每头成年牛 0.3 米^3、每头犊牛 0.1 米^3。牛床为水泥地面，便于冲洗消毒，地面要抹成粗糙花纹状，防止牛滑倒。牛床长 1.5~2.0 米、宽 1.0~1.3 米，牛床坡度为 1%~5%；牛床前设固定饲槽，圆形，最好用水磨石建造，表面光滑，便于清洁，经久耐用。饲槽净宽 60~80 厘米，前沿高 60~80 厘米，内沿高 30~35 厘米。每头牛的饲槽旁距地面 0.5 米处设自动饮水装置。每栋牛舍的前面和后面设有运动场，每头成年牛 15~20 米^2、犊牛 5~10 米^2。运动场棚栏要求结实光滑，以钢管为好，高度为 150 厘米。运动场地面以三合土或沙质为宜，并要保持一定坡度，以利于排水。建牛舍时地基深度要达到 80~130 厘米并高出地面，必须灌浆，与墙之间设防潮层。墙体厚 24~38 厘米，即二四墙或三七墙，灌浆勾缝，距地面 100 厘米高以下要抹墙裙。牛舍门应坚固耐用，不设门槛，宽 × 高为 2 米 × 2 米。南窗规格 100 厘米 × 120 厘米，宜多；北窗规格 80 厘米 × 100 厘米，宜少或南北对开；窗台距地面 100~120 厘米，一般后窗适当高一些。

2. 围栏式牛舍

围栏式牛舍是牛在牛舍内不拴系，高密度散放饲养，牛自由采食、自由饮水。围栏式牛舍多为开放式或棚舍式，并与围栏结合使用。

（1）开放式围栏牛舍：牛舍三面有墙，向阳面敞开，与围栏相接。水槽、食槽设在舍内，避免刮风下雨对牛的影响。舍内及围栏内均铺水泥地面。每头牛占地面积（包括舍内和舍外场地）5 米^2。舍顶防水层铺石棉瓦、油毡、瓦等。牛舍一侧设活门，宽度可通过小型拖拉机，以利于运进垫草和清出粪尿；厚墙一

第六章 牛场建设

侧留有小门，方便人和牛的进出，保证日常管理工作顺利进行。这种牛舍结构紧凑、造价低廉，但冬季防寒性能差。

（2）棚舍式围栏牛舍：牛舍多为双坡式，仅有水泥柱子支撑，层顶结构与常规牛舍相近，只是用料更简单、轻便；采用双列对头式槽位，中间为饲料通道。

第七章

牛病防治技术

牛场卫生防疫

一、防疫总则

牛场应严格按照《中华人民共和国动物防疫法》规定，贯彻"预防为主，防重于治"的方针。净化牛场主要疫病，防止疫病传入，控制传染病和寄生虫病。

二、防疫措施

牛场应建立出入登记制度，非生产人员不得进入生产区，谢绝参观。

员工进入生产区，穿戴工作服，经过消毒间洗手消毒后方可入场。

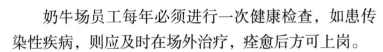
　　奶牛场员工每年必须进行一次健康检查，如患传染性疾病，则应及时在场外治疗，痊愈后方可上岗。

　　新招员工必须持有当地相关部门颁发的健康证才能上岗。

　　牛场不得饲养其他畜禽，禁止将畜禽及其产品带入场区。

　　定点堆放牛粪，定期喷洒杀虫剂，防止蚊蝇滋生。

　　污水、粪尿、死亡牛只及产品应做无害化处理，并做好器具和环境等的清洁消毒工作。运输车辆必须经过严格消毒后，才能进入指定区域装卸。

　　当牛群发生疑似传染病或附近养殖场出现烈性传染病时，立即按规定采取隔离封锁和应急防控措施，并报告业务主管部门。

三、消毒措施

1. 选用消毒剂

　　选择国家批准的，对人、奶牛和环境没有危害的消毒剂，采用不同的消毒剂和消毒方法。牛舍、牛场道路、车辆等，可用氢氧化钠、过氧乙酸、次氯酸盐、新洁尔灭等喷雾消毒；用热碱水（70~75℃）清洗挤奶机器管道；对牛体或器具消毒，可用拜洁、百毒杀、瘟毒杀、菌毒敌等。

2. 消毒方法

采用喷雾、浸泡、喷洒、紫外线照射、热水烫等消毒方法。

3. 消毒范围

建立消毒制度，对养殖场（小区）、牛舍、生产工具和人员（挤奶、助产、配种、注射治疗）等进行消毒。

四、免疫制度

根据《中华人民共和国动物防疫法》，对口蹄疫、牛出败、气肿疽等国家强制免疫疫病进行预防接种，选择适宜的疫苗、免疫程序和免疫方法。

五、监测净化

根据当地防疫计划，每年对乳肉兼用牛进行布鲁菌病、结核病检测，阳性牛及时淘汰。

严格执行防疫消毒制度。牛场门口要设有消毒间和消毒池，人员进出必须进行消毒，严禁非本场的车辆入内。每个月定期用 2% 氢氧化钠溶液或其他消毒剂对牛舍、牛栏及运动场等进行消毒。坚持进行疫苗接种。如发生疫情，严格执行防控措施。

第二节　牛传染病防治技术

一、口蹄疫

1.病原及传播途径

口蹄疫是由口蹄疫病毒引起，发生于偶蹄动物的一种急性、热性高度接触性传染病，以口腔黏膜、唇、蹄、乳头和乳房等处发生水疱和糜烂为特征。潜伏期带毒牛和病牛是传染源。

2.临床症状

牛在感染后 2~5 天出现症状。病牛体温升高至 40~41℃，精神沉郁，食欲减退，产奶量下降。鼻镜、唇内、齿龈和颊部黏膜出现白色水疱，破溃后流出脓液，呈颗粒状糜烂面。病牛大量流涎，下垂成线状，采食和咀嚼困难。蹄冠部、蹄趾间沟内出现水疱时，病牛跛行。乳房病变表现在乳头上。

二、牛出败病

1.病原及传播途径

牛出败病是由巴氏杆菌引起的，以败血症和组织器官的出血性炎症为特征。病牛常发生头颈、咽喉及胸部炎性水肿，民间称为"牛肿脖子""牛响脖子""锁口癀"等。

2. 临床症状

牛出败病一年四季都可发生，一般潜伏期为 2~5 天。

（1）败血型：病牛体温升高至 41~42℃，精神萎靡、食欲不振、心率加快，常来不及查清病因牛就死亡。

（2）水肿型：牛体温升高、不吃食、不反刍，典型症状是头颈、咽喉等部位发生炎性水肿，可蔓延到前胸、舌及周围组织。病牛常卧地不起，呼吸极度困难，窒息死亡。

（3）肺炎型：病牛体温升高，发生胸膜肺炎。病牛呼吸困难，有痛苦的咳嗽，鼻孔常流出脓液。严重的病牛呼吸困难、头颈前伸、张口呼吸。肺炎型病程较长，常拖至 1 周以上。

三、牛结核病

1. 病原及传播途径

牛结核病病原为结核分枝杆菌，人、牛、禽均可发病，以牛（特别是奶牛）最易感。病畜是传染源，经呼吸道和消化道（见于犊牛）感染，污染奶可传染人。临床以频咳、呼吸困难及体表淋巴结肿大为特征。

2. 临床症状

病牛初期有短促、干性咳嗽，随后加重，且日渐消瘦、贫血，体表淋巴结肿大。当纵隔淋巴结受侵害肿大时，压迫食道出现慢性嗳气、臌气；乳房感染时，泌乳量减少；出现肺空洞时，有脓性鼻漏，检查痰细菌阳性；生殖系统结核，可见性机能紊乱、性欲亢进、频繁发情、屡配不孕、流产、睾丸肿大等；脑膜结核，出现癫痫症状、运动障碍。犊牛多发消化道结核，表现消化不良、顽固性下痢。

四、布鲁菌病

1.病原及传播途径

由布鲁菌引起的人兽共患病，又称马耳他热或波状热。牛、羊和猪等是传染源。该菌存在于流产胎儿、胎衣、羊水、流产母畜的阴道分泌物及公畜精液，多经接触流产排出物及乳汁或交配而传播。母畜感染后流产。人因接触病畜或食用污染牛奶或奶制品而感染。

2.临床症状

母牛较公牛易感，成年牛较犊牛易感。潜伏期短者2周，长者可达半年。主要临床症状为流产、睾丸炎、腱鞘炎和关节炎等。母牛妊娠5~7个月多流产，产出死胎或弱胎。母牛流产后常伴有胎衣不下或子宫内膜炎，由阴道排出红褐色、恶臭液体，可持续2~3周；或者子宫蓄脓长期不愈，因慢性子宫内膜炎而造成不孕。患病公牛常发生睾丸炎或附睾炎。

第三节 牛常见病防治技术

一、犊牛白痢病

1.病因

该病是由致病性大肠杆菌引起的，15日龄内犊牛多发。由于气候变化和牛舍卫生差，犊牛未食初乳或食入量过少，导致抵抗力降低而发病。

2.临床症状

根据临床表现不同，该病可分为败血型与肠型。患病犊牛体温升至40~41℃，精神不振，食欲减退或废绝。初期排黄色粥样粪便，恶臭；继而为灰白色水泻，混有未消化的血凝块、血丝和气泡；肛门失禁；体温下降；衰竭卧地不起。如不及时治疗，犊牛很快死亡。

3.预防措施

加强妊娠母牛饲养管理，保证胎儿正常发育。加强对新生犊牛的护理，注意牛舍卫生，及时喂给犊牛初乳，增强抗病力。

4.治疗措施

本病治疗原则：抗菌补液，调节胃肠功能。采用庆大霉素、氟哌酸、葡萄糖氯化钠溶液、碳酸氢钠等，对症治疗。

二、牛前胃弛缓

1. 病因

该病是牛前胃神经调节功能紊乱，前胃壁兴奋性降低和收缩力减弱所致的一种消化功能障碍性疾病。病因是长期饲喂品种单一、品质低劣、适口性差的饲料；饲料搭配不合理，饲喂不足；突然变换饲料、饲养管理不当和天气寒冷。

2. 临床症状

病牛食欲减退或废绝，只吃青绿饲料而不吃精饲料，或只吃少量精饲料而不吃青粗饲料。病牛上槽后呆立于槽前，精神沉郁，对外界反应迟钝，目光呆滞，步态缓慢，产奶量下降；体温、呼吸和脉搏正常，粪尿的变化也不明显；反刍次数减少，咀嚼次数不定。如病程较长者，左侧肷部凹陷，明显消瘦。

3. 预防措施

加强饲养管理，合理供应日粮，严禁饲喂发霉、变质饲料。

4. 治疗措施

对症治疗，促进前胃功能恢复。党参50克，白术40克，茯苓40克，干姜30克，当归35克，厚朴30克，陈皮30克，枳壳40克，焦三仙60克，共研细末，开水冲服，1剂/天，连用3天。

三、子宫内膜炎

1. 病因

子宫内膜炎是母牛产后常见疾病，主要影响母牛配种受胎率。病因是产后细菌感染；不严格执行人工授精操作规程，输精器械和母牛外阴的清洗与消毒不严格，输精次数过多而受到感染；某些传染病和寄生虫病的病原侵染子宫。

2. 临床症状

（1）急性化脓性子宫内膜炎：病牛努责、弓背、举尾，常做排尿状。母牛阴门排出脓性分泌物，卧地时排出量较多，具有特殊的腐臭味。直肠检查，1个或2个子宫角变大，子宫壁变厚，收缩反应微弱。若有分泌物蓄积时，可感到有波动。

（2）慢性子宫内膜炎：子宫黏膜表层炎症。阴道部常蓄积少量稍混浊黏液，从阴门流出混浊的絮状黏液。发情周期不正常，有时发情周期虽正常，但屡配不孕。子宫内膜炎是造成不孕症的主要原因之一。直肠检查，子宫角增粗，壁较肥厚，收缩反应微弱。如母牛发情检查，子宫明显粗硬。

3. 治疗措施

排出子宫腔内的炎性渗出液，常用0.1%高锰酸钾液、0.02%新洁尔灭液、生理盐水等冲洗子宫，再向子宫腔内灌入抗生素。青霉素 160 万国际单位加链霉素 100 万单位，或四环素 250 万单位。灌入子宫内的药量，青年母牛 20~30 毫升，成年母牛 40~50 毫升。

四、卵巢囊肿

1. 病因

卵巢囊肿可分为卵泡囊肿和黄体囊肿，卵泡囊肿较为多见。病因为饲养管理失当，常见于母牛过肥，运动不足，缺乏日照；母牛内分泌功能紊乱；母牛生殖系统疾病。

2. 临床症状

母牛卵巢囊肿的主要症状是发情周期紊乱。卵泡囊肿的主要症状是发情表现明显而频繁，部分病牛表现有慕雄狂症状；黄体囊肿的主要症状是血中孕酮水平极度升高，故母牛不发情。

3. 预防措施

供应平衡日粮；加强产后母牛繁殖监控；对发情正常的母牛，及时、准确配种；促进产后子宫恢复；加强选种选配工作。

4. 治疗措施

治疗卵巢囊肿，促黄体素（LH）100~200 国际单位，一次肌肉注射，连续注射 5~7 天。治疗黄体囊肿，前列腺素 5~10 毫克，一次肌肉注射，能快速发情。

五、乳房炎

1. 病因

母牛在产前 2~3 周,乳房、血管和神经的生长进入旺盛时期,易患乳房炎。母牛分娩体能消耗很大,机体抵抗力明显下降,在寒冷刺激下易患乳房炎。感染、中毒和不正确的挤奶方式等,也是母牛患乳房炎的不利因素。

2. 临床症状

病牛乳房红、肿、热、痛,有功能障碍。乳汁异常,呈稀薄水样、黏液样或脓样,有时还混有血液。病牛精神沉郁、食欲减退、体温升高,乳房淋巴结肿大。

3. 治疗措施

乳房炎治疗越早,效果越好。适当限制饲喂精饲料和饮水,保证圈舍清洁、干燥、温暖。

(1)挤乳和按摩疗法:为了及时从患叶排出炎性渗出物,降低乳房紧张性,每 2~3 小时挤乳 1 次,夜间每 5~6 小时挤乳 1 次。每次挤乳时,按摩乳房 15~20 分钟。

(2)冷敷、热敷、涂擦刺激剂:在炎症初期用冷敷,2~3 天后可用热敷或红外线照射,以促进炎性渗出物吸收。涂擦鱼石脂、樟脑软膏等药物,以促进吸收,消散炎症。

（3）乳房内注入药物：注入抗生素对急性乳房炎疗效较好。常用青霉素80万国际单位和链霉素50万国际单位，溶解后用注射器注入乳头管，每天2次，连用2~4天。

（4）注射抗生素：肌肉注射青霉素200万国际单位、链霉素200万国际单位。

（5）外科手术：乳房脓肿浅在时，做纵切口排脓，然后按化脓创伤进行外科处置。

（6）全身疗法：当病牛有全身症状时，静脉注射10%氯化钙注射液或葡萄糖酸钙注射液100~150毫升，同时配用25%葡萄糖注射液500毫升及其他药物。

第四节 牛寄生虫病防治技术

牛感染寄生虫可引起生产性能下降。牛场必须制定并落实有效的驱虫保健计划。驱虫对象为20日龄和6月龄犊牛、空怀牛、感染寄生虫的病牛等。驱虫时间犊牛常年驱虫，成年牛群每年春秋两季驱虫。驱虫药物有左旋咪唑、丙硫咪唑、阿维菌素、伊维菌素、硝氯酚、敌百虫等。将驱虫药物撒入饲料或者直接人工灌服、肌肉注射、体外喷洒，确保每头牛的剂量，以保证驱虫效果。

定期驱虫，及时切断或控制传染源、传播途径和易感动物其中的一个环节，有效防止寄生虫病的发生与流行。保证饮水、饲草干净卫生，定期对牛舍牛床、料槽、牛粪堆池、放牧场等消毒，及时做好灭鼠、灭蝇、驱蚊等工作。

一、肝片吸虫病

由于片形属的肝片吸虫寄生于肝、胆管中所引起，多发生在洼地、草滩及沼泽地带放牧的奶水牛，夏季多感染。

1.临床症状

因机体内感染虫体数量及牛龄和饲养管理水平不同而表现不同症状。犊牛症状较重，甚至死亡。成年牛呈慢性经过，表现为消瘦、贫血、体质衰弱和产奶量下降；严重的表现食欲不振、前胃弛缓、腹泻。剖检可在病死牛的肝胆管中发现肝片吸虫。

2.防治措施

定期驱虫和保证饮水、饲草卫生，可减少感染。治疗可用硝氯酚，1~3 毫克 / 千克，拌入饲料中内服；氯氰碘柳胺针剂，2.5~5 毫克 / 千克，皮下注射或肌肉注射；肝蛭净，12 毫克 / 千克，内服。

二、犊牛新蛔虫病

母牛采食了青绿饲料上的感染性蛔虫卵后，经胎盘垂直感染胎儿，新生犊牛一生下来就染有蛔虫病，称为犊牛新蛔虫病。1~3月龄犊牛多发，以严重下痢、消瘦和贫血为特点，不及时治疗可导致死亡。

1. 临床症状

病犊牛精神萎靡，嗜睡，食欲不振，吃奶没劲或无力吃奶，不爱活动，强行驱赶，则站不起或站不稳，爱趴卧。病牛排灰白色黏液性糊状粪便，严重者多排出带有脓血或血丝样粪便。

2. 防治措施

首先将犊牛隔离饲养，抓好孕牛环境卫生，并做好粪便无害化处理工作。

盐酸噻咪唑，也称四咪唑和驱虫净，是治疗犊牛新蛔虫病的特效药。按每千克体重12~15毫克一次灌服，一般用药后2天即打下蛔虫。盐酸左旋咪唑，按每千克体重7.5毫克皮下注射或肌肉注射；依维菌素片，按每10千克体重1片（50毫克/片）服用，如能与盐酸噻咪唑两种药搭配用，效果更好。先使用一种驱虫药，间隔2周再使用另一种驱虫药，以提高疗效。

三、螨、蜱、虱、蝇、虻等体外寄生虫病

创造良好的饲养条件，保持牛舍、饲料和饮水清洁卫生；每年全场全群定期同步驱虫2~3次，常用药物为阿维菌素类。